對不起…
ㄅㄆ
ㄇ?
A
B ?
C

TOYS
對不起…

對不起…
ㄅ ㄆ ㄇ ?
A B C ?

TOYS
對不起

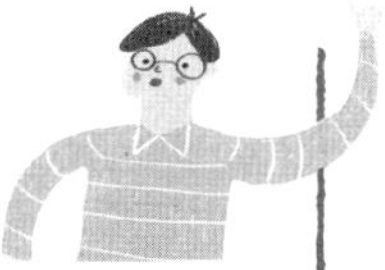

# 光光老師專注力問診室

滿足生理發展，破解教養關卡，向分心說再見！

廖笙光（光光老師）——著
黃鼻子——插畫

緣起

# 孩子，帶我們認識新世界

奇威專注力教育中心執行長
廖笙光（光光老師）

我的工作就是「帶孩子」，但是不是在學校而是在醫院裡面。十七年的工作中，評估超過三千多個孩子。在協助爸爸媽媽的過程，常常有一種感覺，那就是爸爸媽媽很疼愛孩子，但卻不知道孩子的小腦袋瓜裡到底在想什麼。特別是當自己有孩子以後，這樣的感觸更加強烈。

我一直相信：「孩子是上天給予的禮物」，所以非常感謝家裡的大寶貝、小寶貝，讓我有許多親眼觀察的機會。帶著孩子長大的過程，其實我也跟著在學習，也跟著孩子一起成長。家裡有兩位相差一歲的寶貝，紮紮實實地教導我一課，那就是「今年的姐姐，就是明年的妹妹」。今年才在抱怨姐姐愛告狀，稱讚妹妹如何地乖巧。等到明年同一時間，你就會換成抱怨妹妹愛告狀，姐姐安靜的坐在那裡。這樣如此相似的情景，一而再再而三的發生，你會知道一件事——發展有一定的順序與歷程。

一歲愛黏人、兩歲說不要、三歲搶第一、四歲愛告狀等，零零總總的小問題，都是孩子發展必經的歷程，這不是爸爸媽媽努不努力的問題。即便你非常努力的防範，長大後還是會悄悄地跑出來，一個問題也不會錯過，因為這些都是發展必須經歷的「回家作業」。多一點用心，觀察與傾聽孩子的想法，當你愈了解孩子在想什麼，也就愈容易引導孩子，也不會誤會孩子在調皮搗蛋。

孩子行為後面都具有發展上的意義，即便像是小寶寶愛吃手、亂丟東西……，背後都隱藏著階段發展的祕密。孩子透過日常生活中的練習，發展出良好的人際互動、學業學習、專注力。問題關鍵不是孩子乖不乖，而是我們夠不夠了解他的世界。我們已經太習慣上班，常常以為要坐著才能學習，所以要求孩子聽從指令；我們已經太習慣工作，常常把遊戲變成作業，所以限制孩子的創造力。結果現在孩子坐著的時間愈來愈長，卻也變得愈來愈不專心，最後大人還氣得要命。

不是孩子不配合，而是專注力這件事情，不是只看念書時專不專心，更要同時擁有四種能力。就像是孩子一看書就聽不到你說話，即便你叫了十幾次，還是在看書不理你。你覺得孩子是專心，還是不專心？在書桌前，最多只能練到視覺專注力，但是聽覺、動覺、情緒的專注力，卻是完全練習不到！不要責怪孩子不認真，也不要責怪孩子不聽話，而是要用孩子看世界的方式了解孩子，這樣才能給予他最正確的引導。請記得，孩子不是進入學校才開始學習專心，而是靠爸爸媽媽在成長的每一刻逐漸培養。

希望透過這本書，可以幫助你更加了解親親寶貝的行為與想法。孩子需要的不是責備，也不是寵愛，而是學會正確的方式。請運用我們大人的智慧，給予孩子適當的引導，讓孩子從小養成良好的習慣，自然就會變得專心又聽話。

請記得，孩子需要的不是爸爸媽媽無微不至的照顧，而是你細心的引導！

推薦序

# 孩子我懂你

親子天下嚴選部落客、寶血幼兒園園長
何翩翩

前幾天去一家親子餐廳和家人用餐，看到隔壁桌一家四口坐了下來，兩個孩子大概是一歲和三歲的年紀，一歲的弟弟坐在餐椅中，沒多久開始蠕動，並發出聲響甚至亂丟起桌上的餐具，坐在他身旁的爸爸只是定定的看著他，一直重複著：「安靜喔，不要吵喔！」想當然耳當然沒什麼作用，小男生只有愈來愈不耐煩，發出更大的噪音並更強烈蠕動著，我心想：「他已經坐不住了，怎麼不趕快抱起來去外面走走呢？」結束餐會的我，和家人離開了餐廳，心裡卻挺掛念那個小男生後來的狀況。

看完光光老師的大作，實在很佩服他可以非常細膩的點出孩子行為問題後種種的心理因素，孩子的哭鬧、撒謊、失禮……，當然常常會造成大人們抓狂、怒吼的反應，但如果你能了解這些負面行為背後傳遞的訊息，可能是情緒控制尚未成熟、想引起大人注意、身體不適沒睡飽、孩子發展正常現象等，也許就會願意深深吸口氣，接受孩子這些不可愛的時刻，幫助他一起找到問題真正的核心，陪伴與支持他突破關卡，進入成長的下一步。

我尤其喜歡光光老師關於「行為37：老是說不聽」這篇文章，當孩子老是說不聽時，身為大人的我們到底該怎麼教，怎麼責備孩子才不會有反效果？光光老師提醒我們「責備是為了解決問題，不是汙辱人」，不要淪為發洩情緒，不要老是翻舊帳罵個沒完，而是要給予孩子正面的方向。相信只要把握光光老師的這些原則，教好孩子就絕不是難事！

光光老師的專業度與臨床經驗在書中更是表露無疑，尤其是遊戲卡的設計，針對孩子不同的需求設計各式遊戲，相信是許多想要逃離3C魔掌，卻又苦於在公共場合常因孩子哭鬧，遭人白眼的父母們的救星。

理論與實用兼顧的好書，值得推薦與收藏！

推薦序

# 孩子行為的背後都有原因

親子共讀推廣者
愛小宜

嚴格說起來，光光老師是我育兒路上的貴人。孩子幼兒園老師，將彼此不認識的兩個人，透過光光老師前一本著作——《3步驟教出行為不脫序的孩子》，讓我們在孩子的行為世界裡結緣。

我的孩子進入幼兒園後，老師常向我反應他有容易分心、愛東摸西摸等專注力不集中的問題；喜歡擁抱同學的他，矛盾地不願意讓別人碰觸他的身體；有段時間，甚至每天回家都在抱怨小朋友弄他，同學間不小心的身體碰觸，在他認知裡都成了故意弄他的舉動。這樣的孩子，與我平時觀察全然不同。我家寶貝在家具有高度專注力，能長時間投入喜歡的事物當中；每天可以與我開心擁抱，分享生活裡發生的各種事物。

好奇怪啊，上了幼兒園的寶貝到底怎麼了？為什麼人際互動上會出現這麼多的小狀況？幼兒園老師推薦我閱讀光光老師的文章後，我才恍然大悟，原來孩子每個令大人不解的行為背後，都是有原因的。

光光老師的新作，讓我對孩子行為背後的原因，在既有的基礎知識之下，又有更深一層的認識。

孩子在學校裡坐不住又愛東摸西摸，先前即已知道是因為頸部張力反射未整合，書中「行為51：坐沒坐樣」一節裡，明確點出頸部張力反射若未被整合，在學習時有可能會出現坐不住的行為，這可能和幼時爬行經驗不足有關；在學校容易分心，可能伴有觸覺過度敏感，容易被外在風吹草動吸引，而出現分心現象。

「行為56：上課愛講話」中，則提到不愛被他人碰觸身體，有可能是感覺調節較弱，老師建議面對觸覺敏感的孩子，父母在家可以替他按摩（刷）身體，讓孩子接觸更多的觸覺刺激，降低他的敏感。我的孩子在使用觸覺刷三個月後，慢慢地真的較能接受同學們不經意地碰觸他的身體。

我家寶貝前庭覺刺激也不足，老師在「行為52：家有跳跳虎」單元中，也有深入的解說。讓我進一步理解孩子，原來他並不是坐不住，而是需要更大量的運動。原來這就是所謂「動靜皆宜」的真諦——先動得夠，才能靜得住。

愛孩子的家長、老師們，如果沒有理解（同理）這些行為背後的成因，我們是不是就會輕易地在孩子身上貼一張「難搞」或「教不聽」的標籤呢？

書中提出的六十個幼兒行為，很扎實且詳盡地為大人們解說「每個行為背後的原因」。若您和我一樣，正為孩子學習上的惱人小行為而困擾，誠摯向您推薦《光光老師專注力問診室》這本書，閱讀後您會跟我一樣，有種茅塞頓開的感受！

推薦序

# 教孩子之前要先懂孩子

展賦教育教養團隊執行長
趙介亭（綠豆粉圓爸）

我很喜歡閱讀光光老師的文章，搭配他手繪的插圖，讓我可以在輕鬆的心情下，吸收光光老師對於孩子的觀察與見解。

我常和父母分享：「教孩子之前要先懂孩子」，盡管每位孩子都有個體差異、都是獨一無二的，但從兒童發展的角度來看，我們不難發現有其脈絡可尋。孩子在不同階段，因為大腦、生理與心理的發展不同，進而產生不同的行為。身為父母的我們，若能具備兒童發展階段的認知，在面對孩子「出招」時，就能用更從容的態度接招。

光光老師的新書《光光老師專注力問診室》，第一部分「從生理發展，奠定專注力」，就依孩子的年齡分成四個階段：零至二歲、三至四歲、五至六歲以及六歲以上，每個時期整理出十個常見行為，提供父母明確、簡單、可行的具體策略，當父母破解孩子的行為密碼之後，就不會再感覺惱人或困擾了。

即使在同一個階段的孩子，也會因為個體的差異，而展現不同的樣貌。因此第二部分「專注力不足，遊戲來幫忙」，就以視覺、聽覺、體覺、情緒四個面向，讓父母從孩子的視野看懂孩子，很多時候孩子自己也被困住了，若父母能夠提供同理與協助，就能讓孩子跳出發展的困境而成長蛻變。

這本書還搭配「光光老師專注力親子互動遊戲卡」，每張卡片分別註明適合的年齡、感覺統合與專注力面向。孩子需要父母的陪玩與互動，有了這套遊戲卡，父母不再煩惱要和孩子玩什麼遊戲，無論在任何場所，都能夠有合適的遊戲與孩子互動。

在教養資訊如此紛雜的時代，父母更容易焦慮和煩惱，反而讓親子關係像是一條緊繃的鋼索，隨時都會斷裂。不如回歸初心，「讓孩子教我們如何教他」，從光光老師《光光老師專注力問診室》當中，理解孩子的發展，看懂孩子的行為，就能營造優質的幼年經驗，並建構共好的親子關係。

# 行為背後，都具有發展上的意義

親職教育講師
魏瑋志（澤爸）

我們都是有了孩子之後，才開始學習怎麼當爸爸媽媽。滿心歡喜迎來新生命，大夥兒圍繞在新成員身邊，與他一起體驗人生中許多的第一次。陪他長大的路上，有歡欣處，也有煩惱時。當小寶貝開始出現我們無法預期（不理解）的行為，總是讓人特別心慌與擔憂。

育兒的過程中，你，是不是也有過相同煩惱？什麼方法都試過了，孩子還是一直哭？都跟他說東西很髒了，為什麼還堅持放進嘴巴裡？總是聽不見我在叫他，是不是耳朵不好？明明已告知過不可以做的事，為何還要不斷試探我的底線？玩一樣東西，總是只有三分鐘熱度？情緒管理是不是不佳，怎麼會一輸就大翻臉？

光光老師有一句話深深觸動我心，「孩子行為後面，都具有發展上的意義。」行為只是他們呈現出來的表象，唯有探索孩子行為背後的原因，才可以真正讀懂孩子心，理解孩子為什麼如此做。

為緩解爸爸媽媽們心中的無數困惑，光光老師新書《光光老師專注力問診室》因此而生，如同育兒聖經般存在。從各個年齡層，逐一解剖孩子分齡的發展與需求；從不同的感官，全面探求孩子各種知覺的行為與祕密。曾讓你興起過「為什麼」的各種孩子行為，在裡面統統可以得到解答。搭配文末關鍵的陪伴與引導，讓我們在孩子的行為世界裡，享受當爸爸媽媽的美好。

# 目錄



## part -1- 從生理發展，奠定專注力

了解教養關卡，用兒童發展知識解讀行為；讓管教變輕鬆，為專注學習力打基石。

### 專注發展：0～2歲

## 專注發展：3～4歲



## 專注發展：5～6歲

part

-2-

# 專注力不足，遊戲來幫忙

不知如何是好的教養關卡，抽絲剝繭分層說明，分析行為原因，提供共玩遊戲，改善專注力不集中。

# Part 1

# 從生理發展、奠定專注力

專心，不是進入學校才開始學習，而是透過生活中的小細節培養出來。

專心，從小地方累積，打自嬰兒時期就開始練習。寶寶很黏人、爬來爬去、早睡早起，這些再熟悉不過的事情，都隱藏著孩子專心的小祕密。

寶寶黏人，在與你的互動中學會只要你一拿出東西，眼睛就立即盯著看；寶寶透過爬行，促進頸部張力反射整合，日後讀書才能坐好不亂動；寶寶睡眠週期，可以符合學校時刻表，才不會上課昏昏沉沉。專心就是這樣一點一滴累積出來。

專心，不是靠孩子長大就會好，而是要靠爸爸媽媽的培養。只是爸爸媽媽要記得，不要把孩子當大人一樣的對待。孩子不是一出生就準備好所有能力，而是在生活中逐漸累積慢慢發展出來。帶孩子不要急，按照「生理發展」的時間依序引導。

發展過程中，孩子常常會因為不熟練，而出現一些小困擾，請不要把「不專心」的大帽子扣在孩子身上。這不是孩子在搗蛋，也不是不配合，而是一個過渡階段。孩子需要的不是責備，也不是呵護，而是我們的理解。幫孩子想出解決問題的方式，培養出良好的習慣。

「了解孩子才能協助孩子」，打開書本，認識孩子行為背後的「四十個發展祕密」吧！

Part 1

# 專注發展 0～2歲

寶寶是天底下最可愛的，也最被需要照顧的。

微笑是寶寶最強大的武器，沒有人可以抗拒這可愛笑容的殺傷力。照顧寶寶不只是餵他吃奶奶、幫他換尿布、哄他睡覺而已，更重要的關鍵是抱起寶寶，看著他大大的眼睛，跟他溫柔的互動。透過眼神交流，才能拉近兩人之間心靈的距離，培養出良好的默契。

01 行為 寶寶哭不停

02 行為 寶寶吸手指

06 行為 寶寶丟玩具

07 行為 沒有時間觀

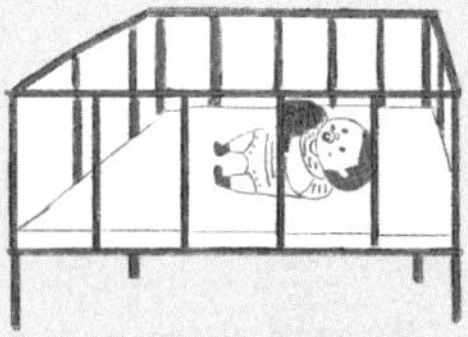

03 行為
## 寶寶不看書

04 行為
## 寶寶亂亂爬

05 行為
## 寶寶好黏人

不要覺得，寶寶什麼都還不會，餵飽了就讓寶寶躺在床上，急急忙忙趕著做家事。這樣反而會錯過培養孩子專注力的最佳時機，你知道嗎，這時寶寶可是正要培養「共同性注意力」——當你拿出一個物品時，寶寶立即察覺，並且和你一起將注意力放在同一個事物上的能力喔！

多和寶寶互動，多跟寶寶說話，才能培養出寶寶的專注力喔！

08 行為
## 寶寶不分享

09 行為
## 寶寶耍賴皮

10 行為
## 太晚開口說

behavior 行為

# 01

## 寶寶哭不停

# 及早建立安全依附感，打下情緒專注力

小嬰兒的哭聲，最容易吸引大人的注意力，讓人興起憐愛之心，也同時帶出焦慮。這是人類與生俱來的天性，聽到嬰兒哭聲時，很自然地產生焦慮感，會不由自主地到處尋找哭聲的來源。但是小嬰兒一直哭鬧不停，往往會把大人給逼瘋，究竟是發生什麼事情，明明尿布換了，奶也餵了，也不停地哄著，還是哭個不停，頓時真有種「叫天天不應叫地地不靈」的無奈感湧上心頭。

抱著那小小的身體，更驚訝這樣柔弱又嬌小的嬰兒，為何能發出這樣巨大的聲響。那一聲聲的哭聲，直直穿透爸爸媽媽的心，好像是在抱怨大人沒有照顧好他一樣。

兩人四手忙得亂七八糟，小嬰兒就是不買帳，抱他也不是，放下來也不行，搞得爸爸媽媽焦頭爛額。

小嬰兒哭鬧是很正常的情況，出生後第四至六週是高峰期，一直要等到第六至八週才會漸漸減緩下來。這並非是爸爸媽媽做得不好，而是一個正常的歷程。小嬰兒和爸爸媽媽需要培養默契，不是一帶回家就會自動啟動乖巧模式。你要做的第一件事情，就是先照顧好自己，儲存好精力，才能應付接續而來的挑戰。絕大多數小嬰兒會哭鬧不停，往往是因為很想睡覺，卻又錯過睡覺時間，此時若又不巧肚子餓了，就會變成讓大人心慌的混亂。

請先放下你的愧疚感，千萬不要「用力地」搖晃小寶貝。他的頭頸還很柔弱，過度搖晃往往會導致腦部受到傷害。結果孩子安靜下來不是因為你的搖晃，而是被你搖到頭暈眼花，那可就麻煩了！

## 快快渡過寶貝哭鬧旺旺期

### 行動① 給自己五分鐘的緩衝

如果你已經試過所有的方法，還是沒有辦法安撫哭鬧的寶貝。這時最好的方式就是先將小寶貝放下，放在一個安全的嬰兒床上。在確定安全無虞的情況下，先關上房門，隔開令你崩潰的哭聲，讓自己休息五分鐘。小嬰兒想睡前是最容易鬧脾氣的，如果爸爸媽媽錯過小嬰兒釋出的想睡訊號（打哈欠、揉眼睛、瞇瞇眼之類），在又累又睡不著的情況之下，他就會哭鬧不止。當他大哭之後，會把瞌睡蟲全部趕跑，又要等到四十分鐘後才會進入第二次睡眠週期。小嬰兒一直都比大人還要「規律」，生活週期愈是規律，寶貝的行為愈好預期，也就愈好照顧。

### 行動② 母子心連心

小嬰兒的情緒跟你是串連在一起的，當你心情好、滿臉笑意時，小寶貝就會自然地對你微笑；當你疲勞到愁容滿面時，小寶貝不知道發生什麼事情，會不自覺跟著感到緊張，而開始哇哇大哭。你要做的第一件事，不是將所有的事情都攬在身上，而是照顧好自己。唯有你養精蓄銳，找回笑容之後，才能照顧好你的小寶貝。

### 行動③ 適時尋求神幫手

適時向有照顧嬰兒經驗的朋友們協助，他們的建議往往會有很大的幫助。你會發現，大家也都是在跌跌撞撞中，學習如何搞定這個可愛又可怕的小嬰兒。請不要覺得小嬰兒不是自己照顧，就是不及格的媽媽。沒有人可以工作二十四小時都不休息，當媽媽也是一樣的，總是需要有暫時喘息的時間。請親友幫忙照顧孩子，每週最少要有兩個小時的「小確幸時間」，好好的讓自己喘口氣吧！

爸爸媽媽這個人生新角色，大家都是在摸索與調整中學習和成長。遇到育兒挫折時，請先放下滿懷的愧疚感，記住「照顧好自己，就是照顧好孩子！」渡過磨合期後，不僅能幫助小寶貝建立依附信賴和安全感，還能為他未來的情緒專注力打下根基。

behavior 行為

# 02

## 寶寶吸手指

# 整合觸覺區辨覺察小手，提升未來運筆力

最近只要打開電視，一下子腸病毒，一下子流感，一大堆可怕的疾病新聞，讓爸爸媽媽增添許多焦慮。家裡的小寶貝老是拿了東西，就想放進嘴巴，真讓人擔心會不會生病。不管如何阻止寶寶，都沒有辦法制止他把東西往嘴裡放的行為，還是一直咬個不停，一下子咬手、一下子咬衣服，到底是為什麼呢？

兩歲以前，小寶貝喜歡把東西放到嘴巴裡，用嘴巴咬東西都是正常的行為，爸爸媽媽不用特別擔心。孩子的口慾期，大約是從兩個月到兩歲左右。口慾期與安全感的建立有關，小寶貝把東西放進嘴巴的動作，並不建議爸爸媽媽過度嚴格禁止，爸爸

媽媽要做的是幫他保持物品的清潔。

如果口慾期沒有被滿足，長大以後容易出現咬指甲、貪吃、潔癖等行為；個性上也會因為缺乏安全感，導致想法比悲觀，表現得比較退縮。所以爸爸媽媽要做的不是禁止寶寶吃手，而是提供乾淨而安全的環境。

## 寶寶愛吃手的原因

### 原因① 用嘴巴來探索

口腔是嬰兒觸覺最敏感的區域。新生兒時期，可以透過嘴巴來辨識形狀；兩歲前的小寶貝將物品、手指放到嘴巴裡面，最主要就是區辨物品的形狀。仔細觀察小寶貝，你會發現小寶貝不是一直固定吃一隻手指頭，而是每隻手指頭輪流吃，就像在探索手指頭一樣。等到十隻手指頭都認識完了，連腳趾頭都會拿來吃。這並不是小寶貝不愛乾淨，而是他在探索自己的身體。當寶貝探索完成後，自然就不會再吃手了。

## 原因② 長牙的不舒服

老一輩的智慧說「七坐、八爬、九發牙」，現在孩子的營養比較好，長牙的時間往往跟著提前。當小寶貝長牙時，牙齦會腫腫癢癢不舒服，這時小寶貝就會想要用力咬東西，透過按壓牙齦來緩解不舒服的感覺。看到什麼東西都會想要咬，甚至連爸爸媽媽的手都不放過。這時請不要阻止小寶貝將東西放到嘴巴，或是怪罪小寶貝脾氣壞，可以準備固齒器，讓小寶貝安心地咬，減緩長牙的不適感。

## 原因③ 吸吮獲得安慰

不論是吃奶嘴或吸手指，小寶貝都是透過吸吮的動作誘發「本體感覺」回饋。本體感覺的回饋，在被緊緊擁抱時也會出現。吸手指可以說是小寶貝在嘗試安慰自己的過程，讓自己感覺到被擁抱，讓心情漸漸回到平靜。在寶寶兩歲以前，排除語言發展上比較緩慢，通常我們都是不建議讓寶寶戒除奶嘴、吸手指等小行為。

寶寶愛吃手，不用大驚小怪；寶寶愛亂咬，也是很正常的情況。不需要刻意禁止，也不用特別鼓勵，而是幫寶寶準備好物品的清潔，這才是身為照顧者的我們最需要做的事情。

透過吃手指，寶寶學會察覺自己的手，整合觸覺區辨能力，打下日後運筆寫字時的專心基石。

另外提醒爸爸媽媽：「兩歲之前，小寶貝還不會區辨物品是否可以吃。」給予小寶貝的玩具一定要有安全標章，仔細檢查上面的小零件是否會脫落，避免小寶貝因誤食而發生危險。

behavior 行為 03

# 寶寶不看書
# 逐步延長共讀時間，培養閱讀專注力

很多爸爸媽媽都想帶著孩子一起閱讀，在閱讀過程中，往往覺得小寶貝不夠配合也不專心，弄得親子閱讀好似一件苦差事。事實上，對於小寶貝來說，最好的閱讀角落，不是椅子，更不是沙發，而是父母的大腿；特別是年齡較小的小寶貝，爸爸的大腿更是他的寶座。

一天工作回來，小寶貝總是迫不及待的奔向你撒嬌，甚至是抱著你的大腿往上爬。適時給予鼓勵與擁抱，對小寶貝而言就是最大的獎勵。抱著小寶貝坐在沙發上，你通常都是在做什麼事情呢？依然使用手機處理工作事務？還是放鬆地看著電視？

當你抱著小寶貝陪他一起做的事情，將是小寶貝以後最喜歡做的事情，因為這個經驗會深深地烙印在他小小腦海中。

小寶貝再聰明，畢竟還只是個孩子，無法分辨情境，只會模仿動作。如果你抱著小寶貝同時使用手機，他或許不一定懂得你正忙於公事，但一定會學會如何使用手機；如果你陪著他一起看電視，他不一定能理解你工作勞累，但一定會學會坐在電視前面。請在沙發旁邊放上一本小寶貝和你在一起時，可以共同閱讀的小書吧！

## 從小開始，陪著孩子一起閱讀

### 共讀①　閱讀不是與生俱來

閱讀不是與生俱來的，也不會自己發展出來，而是需要爸爸媽媽的引導。帶著小寶貝一起閱讀，愈小愈容易成功，建議一歲以後，就可以慢慢開始培養。讓小寶貝每天在固定的時間，跟著爸爸媽媽一起看書。小寶貝長大後自然就會習慣，每天都要拿起書本，也就愛上閱讀。

## 共讀② 讓閱讀與疼愛連結

抱著小寶貝和你一起讀書，讓他將閱讀與喜悅的心情做一個良好連結，很自然地小寶貝就會漸漸愛上閱讀。請不要將親子閱讀當作是一項工作，而是放鬆心情自然地拿起手邊的書籍、繪本，念給小寶貝聽，指圖片給小寶貝看，很快地小寶貝就會主動拿書過來找你一起讀了。

## 共讀③ 先讓孩子喜歡書本

閱讀的第一個工作，不是學會知識，而是愛上書本。一歲半以前，手指動作和力量控制還沒成熟，常常會將紙張撕破，這時千萬不要責備小寶貝，書本破了就破了，沒有什麼大不了的。如果擔心小寶貝養成撕書的壞習慣，可以事先準備布書或厚紙書，以免小寶貝不小心撕破。此時若是責備，很容易讓小寶貝產生閱讀時會膽戰心驚的負面連結，擔心爸爸媽媽不知道哪時會罵人。在這種不安的情境下，又如何讓小寶貝喜歡上書本呢？

人與書並不是天生互相吸引的，一開始必須要有一個橋梁媒介。如果期待小寶貝愛上閱讀，取決的關鍵並非是小寶貝就讀的學校，也不是老師提供的教材，而是爸爸媽媽從小的引導。

寶寶可不可以靜下來看書，關鍵在於爸爸媽媽的陪伴，逐漸延長共讀的持續時間，就是在培養寶寶的專注力。

爸爸的大腿是小寶貝最好的閱讀寶座，此刻請立即抱起你的孩子，讓他坐在你的腿上一起閱讀吧！記得你的陪伴，將是孩子養成閱讀習慣的最大利器。

behavior
行為
# 04

## 寶寶亂亂爬
# 爬行是手腳協調關鍵，為學習專注力奠基

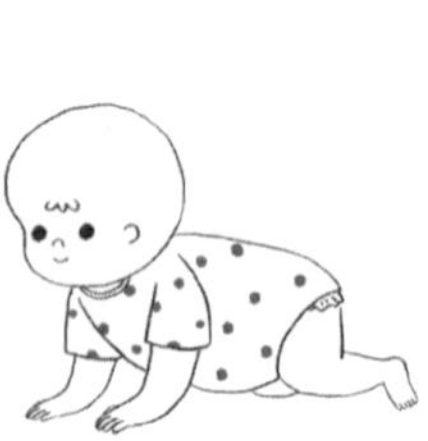

小嬰兒是全家人的焦點，大家輪流抱的時間都不夠了，怎麼會放任他在地板上亂亂爬？一直抱著小寶貝，對孩子真的是最好的嗎？

愈來愈多的小寶貝跳過爬行階段，直接學習走路。爬行對孩子們似乎愈來愈陌生，也愈來愈不重要。事實上，爬不僅僅是移動身體，更是學習協調運用手腳的關鍵，透過爬行孩子頸部張力反射能夠被整合，進而養成日後學習時的專注力。

「反射」就像是一個事先寫好的「電腦程式」，儲存在小嬰兒的大腦裡面，讓剛出生的

嬰兒可以做出維持生存的基本動作。頸部張力反射對小寶貝尤其重要，只要他可以控制自己的頭轉動，當頭轉向右邊，右手就會自動地伸出來，讓他輕輕鬆鬆地拿到食物。然後再將頭轉回來，右手就會自動彎起來，將食物放進嘴裡。只要小寶貝可控制自己的頭，就能吃到想吃的東西，當然也包括不能吃的玩具。

隨著小寶貝動作複雜度增加，頭一動手腳就跟著動的反射動作，逐漸地會讓他的行動變得不方便。當小寶貝開始爬時，頸部張力反射就會受到抑制而被整合，漸漸消失後，孩子的手腳動作不再受到頭部動作所控制。

試想如果孩子進入學齡階段，只要頭一動，手腳就會不自主地想動，上課時就很容易出現不必要的困擾。試想孩子坐在教室裡上課，老師在黑板上寫字，當老師寫到左邊黑板，孩子的頭轉向左邊看，左手不自覺地跟著伸出來；老師寫到右邊黑板，孩子的右手又伸出來。結果就變成東摸西摸、動來動去，很容易被誤認為不專心。如果旁邊又坐一個「碰不得」的小女生，又會被貼上調皮搗蛋的標籤。不是孩子上課不專心，也不是故意不坐好，而是頸部張力反射在搞怪。請不要跳過讓小寶貝練習爬的機會，這可是培養孩子專注力的關鍵活動。

## 小寶貝爬行時的準備工作

重點① 乾淨環境

爬行前請保持居家地面的乾淨。如果真的很擔心清潔問題，可以用巧拼地墊準備一個區域讓小寶貝爬行，這樣也會比較容易保持清潔。格外留意不要讓小寶貝在床墊上爬行，因為床墊太軟反而會不好爬喔！

重點② 舒適衣物

運動要換上運動服，總不能穿著西裝、皮鞋就下場。小寶貝爬行也是一樣，穿著的衣物是否漂亮不是重點，要緊的是在大腿部分千萬不要太拘束，盡量挑選材質舒適、寬鬆的款式，方便小寶貝手腳動作。

重點③ 安全空間

隨著小寶貝會爬行，活動範圍也會變大，桌面上的垂墜物不論是電器的電線，或是桌面裝飾的餐巾，都必須要先移開。家具的尖角也要加上保護貼條，盡量維持環境的安全喔！

千萬不要讓小寶貝在七、八個月就開始練習走路，因為爬行比走路還要累得多，當寶貝學會走路之後就會懶得爬。不論是過早的學習走路，或長時間的坐在椅子上，都無法協助頸部張力反射整合。更不要一直把小寶貝緊抱在懷裡，將他放下來讓他多爬，自然就能讓小寶貝在遊戲中逐漸整合頸部張力反射，進而培養出良好的專注力，讓他在未來的求學路上可以快快樂樂地學習。

behavior 行為

05

## 寶寶好黏人

# 善用聽覺嗅覺建立安全感，穩定寶寶情緒力

小嬰兒是如何認人？用眼睛看嗎？其實並不是，所有小嬰兒剛出生的時候都是大近視，眼睛看到的景象一團模糊，只能看到朦朦朧朧的輪廓，無法辨認出誰是誰。

小嬰兒不會認人嗎？會的，但不是依靠眼睛，而是仰賴耳朵和鼻子。透過你溫柔的語調，小嬰兒會熟悉你的聲音；藉由你擁抱的氣味，小嬰兒會牢記你的味道。熟悉的聽覺與嗅覺，給予小嬰兒充分的安全感，寶寶才能安心闔上眼睛，安穩躺在懷中睡覺。

## 一歲前，黏人三大主因

### 原因① 小寶寶好依賴嗅覺

小嬰兒依賴嗅覺更勝過視覺，許多小小孩視為寶貝不願分離的安撫巾，就是這個道理。小嬰兒的安全感來自於可以察覺自己與媽咪的味道，倘若媽咪喜歡噴香水，或是經常更換沐浴乳，小嬰兒就會覺得換了一個媽咪。常常聽到媽咪反應，寶寶明明超想睡覺，卻又哭鬧不休，打死也不肯閉上眼睛，或許不是他愛鬧，而是找不到給他安全感的熟悉味道。

### 原因② 六個月視覺才成熟

等到六個月時，小嬰兒的眼睛就可以清楚看到遠方的東西，也更能辨識我們的五官，認人進入另外一個階段。寶寶會很詳細地看著你的臉，對你不停地微笑，甚至模仿你的表情，還可以逗得大人開心大笑。透過這樣的互動，寶寶開始學習辨認所有能看到的人臉，並且記得家裡有哪些人。六到八個月之間，寶寶所記得的人們，就是他心中的「熟人」，也就是安全的人。

## 原因③ 九個月陌生人焦慮

經歷上述階段，短短一個月後，寶寶會突然不再是誰抱都可以，原來那個愛笑的小寶寶再度變得黏人。只要看到不熟悉的陌生人，就會出現哭鬧反應，這就是所謂的「陌生人焦慮」。在小寶寶出生後的前九個月，熟人數量的多寡，是孩子日後氣質大方或害羞的關鍵。只是寶寶分辨熟人的方式與我們大人不同，並非靠血緣或稱謂，而是「睡著後醒來還看得到的人」，對他來說這群看得到的人，就是一定需要記得的人。

寶貝並不是縮小版的大人，他們用不同的眼光來看這個世界。我們要做的不是無微不至的照顧，而是適當的理解與引導。當我們二十四小時緊緊黏著寶貝，給予寶貝最好的呵護時，在寶貝眼中的全世界就只有「兩個人」，除了你之外，其他都是陌生人，結果寶貝不是更有安全感，反而會變得怕生，更容易害怕而哭鬧喔！

behavior
行為
# 06

## 寶寶丟玩具
# 物體恆存概念萌芽，是智力發展重要關鍵

嬰兒乍來到爸爸媽媽身邊時，就像個小天使。長大過程中，不時會出現大大小小令大人傷腦筋又頭疼的小舉動。這些小舉動的出現，不是小嬰兒變得不乖，也不是他在鬧脾氣，而是隱藏著爸爸媽媽不知道的祕密。

嬰兒剛出生時，身體動作主要是由原始反射所控制，就像眨眼一樣，有刺激就會立即出現相對應的動作。隨著嬰兒逐漸長大，特別是在八至九個月階段，小寶貝的腦袋出現更多的想法，也變得更為自主，單單只依靠反射已經不足夠滿足他的好奇心，想要打破「反射」而出現「自主動作」。小寶貝愛亂丟東西，真的不是他在搗蛋，而是在練習自主動作。

## 破解寶寶愛亂丟東西的原因

原因① 抓握反射的干擾

抓握反射讓小嬰兒只要一碰到物品，就會立即緊緊抓起來。但是總不能一直抓著不放，所以小寶貝會開始學習如何控制「放開」。八至九個月的小寶貝由於放開動作還不是很純熟，不知道只要輕輕張開手指即可完成放開動作。在練習放開時，常常會不小心連手臂的力量也一起用上，就變成讓大人困擾十足「丟」的動作。爸爸媽媽請記得，真的不是小寶貝蓄意愛亂丟，這只是他在練習「自主動作」。

這時可以準備一個塑膠箱子，抱著小寶貝將一個一個玩具放在他的前面，鼓勵他自己拿起來丟進箱子裡。透過讓小寶貝跟著我們一起玩收納遊戲，當他熟練「放開」這個自主動作，惱人的「丟」自然就會消失，轉而再去嘗試學習另一個新技能。

原因② 物體恆存的發展

六個月大的嬰兒，對於物體恆存的概念開始萌芽，懵懵懂懂了解一個真理——看不到不等於消失。東西只是暫時看不見，但它仍然持續存在。在這個學習的過程，當你將玩具撿給他，小寶貝馬上就會眼睛一亮想著：「不見了，為什麼又會跑出來呢？」感到好奇之下，就如同觀看一場魔術秀，會迫不及待地再丟掉一次試試看。

小寶貝此時會非常熱衷於「看著東西消失，再去把它找出來」的遊戲。就如同媽媽在他剛出生時期，常常陪著玩的「捣哇」小遊戲，遮臉後再突然出現，就能把小寶貝逗得哈哈大笑。此時的媽媽請辛苦點，當小寶貝的撿東西機器人吧！

## 原因③ 力量控制未成熟

小寶貝的動作隨著年齡增長愈來愈靈活，但在力量控制上，卻還沒有表現出來。一想要伸手就往外張開一八〇度，一想要彎手就往內合一八〇度。特別是在開心的時候，常常因動作太大而不小心打翻東西。這時可以準備一條粗一點的毛線，一端綁在玩具上面，一端固定在桌面上，當小寶貝不小心推倒玩具，可以自己拉起毛線拿到玩具，這樣爸爸媽媽就不用再一直丟丟撿撿。請記得一定要注意安全，毛線不要綁得太長，以免發生危險。

小寶貝不是故意亂丟東西，而是在學習與熟練自己的技巧，這都是發展的必經階段。不要小看丟這個動作，其實丟的後面蘊藏著很多意義，特別是物體恆存的發展，對於智力扮演著非常重要的關鍵。

物體恆存也讓小寶貝了解，雖然看不到媽媽，但是媽媽總會一直在身邊保護著我，進而發展出安全感，克服自己獨處的焦慮。有了安全感，小寶貝學習爬行與走路時，才能踏出探索環境的步伐，勇敢地離開媽媽的身邊。

behavior 行為

07

# 沒有時間觀

# 建立時間週期規律，培養學習專注力

「都已經幾點了，還不快去睡覺！」這是每個家庭中常常聽到的一句話，究竟是孩子不聽話，還是我們不懂孩子在想什麼？為什麼爸爸媽媽已經大發雷霆，孩子還是無動於衷？是孩子不聽話嗎？

孩子對時間的概念，並不像成人那樣清楚，畢竟他們還不太會看時鐘，現在到底是七點還是九點，對孩子而言並沒有多大的差別。當孩子還無法了解數字的先後順序時，與孩子爭執現在是幾點，只會讓爸爸媽媽憋了一肚子氣，搞到氣氛很僵。

孩子不像大人一樣會看時鐘，但不代表孩子沒有時間概念，而是方式和大人不一樣。

## 孩子用肚子、事件與順序建立時間觀

### 記憶① 用肚子來記時間

小小孩最明顯，只要一到傍晚五點，就會想要回家。當然不是因為孩子有戴手錶，而是孩子的肚子已經餓了。對於小小孩而言，肚子餓就是最好的「時鐘」，提醒孩子現在幾點了。如果孩子很愛吃零食，生理時鐘就會被打亂，當然也就沒有時間觀念了。

### 記憶② 用事件來記時間

孩子記憶時間的方式，並非是抽象的數字，而是具體的事情。看卡通的時間是五點、媽媽回來是七點，透過明確的事情發生，讓孩子了解現在的時間。牆壁上的時鐘對他來說只是參考，看到明確的事實才是關鍵。同理可知，如果孩子的生活時刻表愈固定，也就愈能掌握時間觀念。

## 記憶③ 用順序來記時間

孩子依靠事件發生的先後順序，預期接下來必須要做什麼事情。例如：晚上的行程是「六點吃飯、七點洗澡、八點讀繪本、九點上床睡覺」。簡而言之，孩子是用事情的「順序」來記憶時間，正是因為這樣的特質，當突發事情出現改變熟悉的順序時，孩子往往就會伴隨「時間混淆」的情況。當孩子處於時間混淆時，爸爸媽媽常會發現他明明看起來已經非常疲累，卻遲遲不願意乖乖上床睡覺。最後總在大人生氣，孩子哭鬧的混亂情況下睡著。

相信大家都有這樣的經驗，原本加班的爸爸，今天終於提早下班，趕在寶貝躺在床上看繪本前踏進家門。既然是為了看孩子才努力趕回來，當然要和寶貝親親抱抱，順便陪著孩子玩一下，結果時間一下子就超過九點。這時如果你要孩子乖乖睡覺，孩子往往不願意配合。請先不要對孩子生氣，更不是威脅處罰他，而是依序地完成既定的事情順序，再次跟孩子一起念完繪本，你就會發現孩子將心滿意足地上床睡覺。

請不要在孩子要睡覺前的最後一刻走進家門，又希望孩子能立刻上床睡覺。孩子只要看到你，絕對會像是遇到「偶像劇明星」般地興奮，哪裡肯乖乖上床睡覺？困擾你的衝突情景，究竟是孩子的問題，還是爸爸媽媽時間規劃的問題呢？

時間週期愈規律，寶寶的行為也就愈好預測，才會更好帶。趁著寶寶最清醒的時間來教孩子，才能培養好的專注力。

很多時候我們必須要思考，到底是孩子不願意乖乖睡覺，還是我們無意間破壞了孩子的時間順序，卻又誤解孩子不肯乖乖地配合？改變必須從我們自己開始做起，而不是先要求孩子。

behavior 行為

# 08

## 寶寶不分享

# 所有權概念發展階段不同，影響分享意願

對於兩歲的孩子，放眼看到的物品，全都會認定是自己的。直到四歲時，隨著所有權概念的成熟，才能清楚分辨物品究竟是屬於誰的。在這個漸進的發展過程中，孩子最初會完全不在乎物品的歸屬，漸漸進入保護「我的」物品，而變得不願意跟別人分享。這不是孩子很自私，而是發展的必經階段。

當兩個發展處於不同階段的孩子在一起時，若一個已經具有所有權概念，另一個處於「全是我的」階段，相處的時候發生衝突就難以避免。這並非誰對誰錯，因為就生理發展而言，兩個人都是對的，爸爸媽媽要做的是幫助孩子找出解決的方法。強迫的分享不是分享而是被搶。如果一個孩子老是被搶，你覺得孩子以後會喜歡分享，還是會變得自私呢？

孩子不願意分享，最重要的原因是「因為害怕失去，而變得自私。」怕自己心愛的寶貝被弄壞、弄丟、搶走，所以心生抗拒而自私。如果孩子將所有的東西都當作「寶貝」，那當然不願意分享。鼓勵孩子練習分享時，父母選擇分享的物品就變得非常重要。請不要一開始就期望孩子分享玩具，特別是只有一個的玩具，那往往會讓孩子感到挫折，而沒有任何的幫助。

## 三個小方法，讓孩子學會變大方

### 方式① 學習物品的所有權

小寶貝對於所有權的概念尚不成熟，認為看到的都是自己的。在想要擁有的情況下，就容易與同伴產生爭執。這時可以帶著小寶貝玩整理衣服、鞋子、襪子的遊戲，猜猜看這件衣服是誰的？透過遊戲過程讓小寶貝逐漸了解，不同的物品屬於不同人的，也就不會想要什麼都搶著要了。

## 方式② 先從食物開始分享

最初要分享時，可從數量較多的物品為優先，先讓孩子練習把物品分給別人，習慣後自然也就會願意主動與人分享。建議可以從分享水果開始，特別像是葡萄、小番茄等數量多的水果，讓孩子練習將水果一個一個分給家裡的每一位成員。透過這樣的互動，讓小寶貝養成分享的習慣，先創造分享的成功經驗，再漸次擴展到家庭以外的地方。當小寶貝有了分享的愉快經驗，下次大人說要分享時，自然就會主動把物品拿給別人，此時再延伸到玩具等其他物件也就較容易成功。

## 方式③ 將玩具分成大兩類

帶著小寶貝將玩具分為兩大類，一類是自己的「寶貝」，另一類是跟別人玩的。透過引導過程，小寶貝很快地就能分辨出來，當然也就會願意跟別人分享。建議爸爸媽媽，除了玩具收納箱之外，額外幫孩子準備一個他專屬的寶貝箱。允許小寶貝可以獨享寶貝箱裡的東西，而不強迫分享；玩具箱裡的東西則要練習大方分享。請記得寶貝箱絕對不可以比玩具箱還要大喔！

分享是一種美德，但必須以「不會傷害自己為前提」不是嗎？尊重孩子的決定，讓孩子選擇一部分是專屬於「自己的」。當有自己獨享的物品後，孩子自然也就會更樂意分享。這才是我們應該要協助孩子去思考和判斷的方向。不是所有的東西都需要分享，才能讓孩子真正學會願意分享！

behavior 行為

# 09

## 寶寶耍賴皮

# 自我概念剛萌芽，給簡短指令而非長篇大論

一歲半的孩子意見愈來愈多，常常會有堅持己見，不聽指令的情況出現，往往讓爸爸媽媽頭痛不已。是我們教養上出了什麼問題嗎？為什麼原來乖巧的小孩變得愈來愈叛逆？請爸爸媽媽先不要擔心，出現這樣的情況應該感到高興才是，因為孩子正進入自我概念發展的關鍵時期。

隨著自我概念的發展，孩子愈來愈有自己的主見，也會嘗試要求爸爸媽媽配合。當自己的意見不被接受時，他的小腦袋就會出現大絕招——躺在地板上賴皮。打死不願意離開，躺在地板上哭鬧。因為他知道你會將他抱起來，這樣就更有機會得到他想要的東西。

## 孩子不是故意耍任性

### 原因① 分不清，你我差異

一歲以前，寶寶覺得你和他想的是一模一樣的，不論他想要什麼，爸爸媽媽都會滿足他。隨著動作能力的進步，孩子探索的範圍愈來愈大，可能遇到的危險也變多。當爸爸媽媽開始有所限制時，孩子會感到困惑，為何以前爸爸媽媽想的和我一樣，現在卻變成不一樣呢？在這樣背景之下，就會發出不滿的情緒而開始哭鬧。隨著生活中反覆地練習，孩子才會逐漸理解：「原來我是一個人，媽媽是另一個人，我們兩人有時會想的不一樣。」

### 原因② 想太多，但說不出

兩歲正是語言發展的爆發期，短短幾個月裡，孩子從只會斷斷續續說十幾個不同的詞彙，突然爆發至口語滔滔不絕。他們總是想說的話很多，能說清楚的卻不夠。當孩子因為心急，無法順利將腦袋裡所想的轉化為語言表達出來，就會先產生情緒波動，再出現哭鬧的反應。這時最簡單的方法，就是幫孩子把話說出來，這樣他就會感到被接納而安靜下來。

原因③ 玩太累，體力不足

雖然有無比的好奇心，但是還不會調節自己的體力，因此一定要避免讓孩子累過頭。孩子的體力差一歲就差很多，如果家裡有哥哥姊姊更要特別注意。若是讓孩子累過頭，再簡單的道理也是絕對聽不進去的。孩子如果已經躺在地上賴皮，就不需要太堅持和他講道理溝通。請先抱起孩子，趕快讓他回到舒適的家裡，好好地睡上一覺吧！

孩子成長過程中，多少都會有賴皮的情況，請不要認為這是他故意產生的行為。爸爸媽媽要做的不是責備或威脅孩子，而是要有「一致性」的堅持。千萬不要一個堅持，另一個秀秀，兩個人不同調往往會讓孩子不斷地嘗試「新招式」，讓爸爸媽媽陷入頭痛不已的賴皮循環中。

堅定而溫和的與孩子堅持，將決定權拉回大人身上，可以減少孩子賴皮的頻率。你需要的是給予簡短的指令，而非不厭其煩的說道理。此時的孩子雖然已經會說話，畢竟是半猜半懂。過長的說明往往不會讓孩子明瞭，反而可能會因為抓錯重點又更加哭鬧。

帶孩子是一場積分賽，不是淘汰賽，不會因為一次失敗就定勝負，只要你做對的頻率愈高，孩子就可以獲得最終的成功。

behavior 行為

**10**

## 太晚開口說

# 真人互動，才是學習說話的關鍵

寶寶會不會說話，是爸爸媽媽最關心的事情，總是期待能親耳聽到寶寶第一次叫爸爸、媽媽。為了讓寶貝可以發展得更好，爸爸媽媽無不卯足全力，幫寶貝準備最好的環境，期望寶貝可以快一點說話。

華盛頓大學大腦與學習科學研究所共同所長Patricia Kuhl博士研究發現，嬰兒八至十個月時給予豐富的語言刺激，可以讓寶貝在語言部分學得更快、更早開口講話。這個實驗有一個對照組，如果將語言提供者從真人改為電視，此時孩子的語言能力則是完全沒有提升。為何同樣的教材內容，對寶貝的學習效果有這麼大的差異？因為學習語言，小寶貝最需要的不是昂貴教材，而是「你」。

小嬰兒學習語言時，只對真人有興趣，正是因為要與你互動，才會去學習與記憶。語言是一種社交技巧，如果沒有互動是永遠學不會的。「你」才是孩子語言學習最重要的關鍵，而不是教材多或是少。

## 寶寶說話的關鍵

### 關鍵① 眼神接觸的重要

小嬰兒在六個月時，就可以清楚分辨出主要照顧者與其他人的不同，對於媽媽的聲音特別感到興趣，只要一聽到和看到媽媽，就會開心地微笑。倘若媽媽抱著小寶貝，卻故意避開與他的眼神交會，小寶貝會因為感覺到被拒絕而哭鬧。抱著小寶貝，請多直視他的眼睛，跟他多說話，這就是最好的教導。如果抱著孩子，卻打死不和小寶貝進行眼神接觸，就算抱上二十四小時，也是沒有任何幫助。

### 關鍵② 表情模仿的練習

我們一直以為給孩子聽大量的ＣＤ，讓小寶貝盡早接觸多種訊息，就可以讓小寶貝的表達能力變得更好。這樣的教材提供，忽略語言學習必須要有兩個條件的配合，一是聲音分辨，二是嘴型模仿。趁著小寶貝還不會爬，喜歡看著媽媽的臉、聽著媽媽說話，嘗試模仿媽媽的表情、聽媽媽的聲音。透過和媽媽互動的練習，讓寶貝學會控制臉部肌肉動作。這不僅是單純地做出逗你開心的行為，更是他在一歲半時能否呱呱學語的關鍵。

### 關鍵③ 口腔動作的靈巧

發音是否準確，需要呼吸與舌頭的精確配合，舌頭動作愈是靈巧，寶貝開口說話的速度就愈快。寶貝如何發展口腔動作的靈巧？關鍵在於食物的複雜度，想想如果寶寶一直都只吃糊狀物，他的舌頭懶懶地都不用動，只需要大口一吞就可以了。舌頭沒有被運用到，結果就愈來愈懶惰，說話當然會變成臭奶呆。爸爸媽媽要記得副食品的給予，不只是為了營養攝取，更是為了口腔動作的發展。

小嬰兒並非是一張白紙，天生擁有強大的學習模仿能力，絕對不是只會吃吃睡睡而已。當小寶貝還不會爬，只會睜大眼睛看著你，朝向你微笑的同時，此時的他也正在學習，學習模仿各式表情，學習如何控制自己的微笑。你的存在就是小嬰兒最強烈的吸引力，因為他知道沒有你，他將沒辦法自己長大。我們習慣說話，卻忽略看著孩子說；我們習慣做家事，卻總將孩子關在保護的安全柵欄裡；我們忙著照顧孩子，卻沒有時間坐下來陪他一起玩。

陪伴並不是只坐在孩子的身邊卻不互動，也不是忙著做家事讓孩子自己玩，而是與孩子眼神交會，一起分享與玩遊戲。透過和你的互動，孩子學會模仿你的聲音與語言表達技巧，為日後和他人溝通奠下基礎，間接也能培養情緒專注力。

Part 2

# 專注發展

## 3~4歲

從依賴走向獨立，從黏踢踢邁向探險，這是一個矛盾的年紀，也是爸爸媽媽最頭痛的年齡。

隨著寶貝講話會開始，愈來愈會表達自己的想法，並且開始探索這個世界。這時寶貝像是一個獵食者，對所有沒見過的事物，都會抱持無以倫比的興趣。不論是地上的葉子、路邊的花朵、樹上的小鳥都深深地吸引著他！迫切而渴望的學習一切新事物，來滿足自己的大腦。

11 行為 總是愛挑食

12 行為 不愛打招呼

16 行為 拒說對不起

17 行為 拖拉不睡覺

## 13 行為 愛隨處塗鴉

## 14 行為 什麼都害怕

## 15 行為 討厭短蠟筆

但是寶貝的慾望往往比他的能力還要強大，當然也就比較容易出現問題、鬧脾氣，此時更需要爸爸媽媽耐心陪伴。爸爸媽媽在這個階段最重要的工作，就是陪寶貝養成早睡早起的好習慣。想想看，如果大家專心時他想睡覺；別人想睡時他很專心。怎麼會有良好的專注力呢？

專心不是與生俱來的，而是要靠爸爸媽媽培養的！

## 18 行為 共讀沒耐心

## 19 行為 討厭看牙醫

## 20 行為 凡事搶第一

behavior 行為 11

## 總是愛挑食

# 降低口腔觸覺／味覺敏感，提升飲食均衡力

挑食是爸爸媽媽最常詢問的問題，為何孩子總是愛挑食？並不是他故意鬧脾氣、不配合，而是隱藏著發展的祕密。

對於雜食性動物而言，可以食用非常多種食物，雖然這樣能更廣泛的獲取食材，同時伴隨著更高的風險，也就是吃錯食物可能會中毒。因此雜食動物會在幼兒時期，整天黏在爸爸媽媽身邊，爸爸媽媽吃什麼就跟著吃什麼，學習哪些東西可以吃、哪些東西必須要避開。脫離爸爸媽媽身邊時，就會只吃這些食物，直到完全成熟後，才會再度嘗試沒有嘗試過的新食物。

人類也是如此，三歲前嘗試過的味道，長大後就會習以為常，而不會出現抗拒的情況；對從未接觸過的味道容易產生抗拒，一直要到十二歲之後，才會漸漸改變想要嘗試「新」味道。孩子是否會挑食，與幼兒時期的食物豐富性有著密不可分的關聯。

爸爸媽媽會想著，若孩子已經五歲了，挑食這個壞習慣是否已經沒救？請爸爸媽媽不用太焦急，這個年齡層已出現挑食行為的孩子，行為還是可以改善的，只是需要花費更多的時間與精力，慢慢引導而非強迫。

## 挑食告訴我們的口腔訊息

### 訊息① 口腔觸覺過度敏感

食物除了味道之外，還有一個是「質地」，也就是在口腔的感覺。如果一個孩子嘴巴裡面的觸覺過度敏感，一點點粗粗的感覺也會覺得不舒服，他對於纖維質較多的食物就會產生抗拒。那就像是吃到沙子一樣不舒服，當然會直覺地想要吐掉。建議爸爸媽媽可以在刷牙時，拿紗布包著手指，像在幫寶貝刷牙一樣，只是換成在牙齦上按摩，降低口腔敏感，幫助孩子接納不同口感的食物。

## 訊息② 味覺過度敏感

有些人對味道過於敏感，一點點氣味的變化，都可以立即察覺，導致食物帶點苦味、土味或澀味，便會產生抗拒而不願意吃。就像我們吃吳郭魚，烹調時少用清蒸而用紅燒，就是擔心料理帶有土味會影響食慾。面對不愛吃青菜的孩子，可以先選擇一些味道較清淡的青菜，讓孩子從願意嘗試開始；或是運用調味料，遮蔽掉青菜裡的特殊味道。先讓孩子找到最喜歡吃的一種青菜，就會愈來愈願意吃青菜。

## 訊息③ 舌頭側翻不佳

我們吃飯時，除了靠牙齒咬斷、磨碎食物之外，也要靠舌頭反覆的側翻，將食物變成一個「食團」，才容易吞下。若孩子舌頭動作比較不靈巧，吃葉菜時很容易因為食團不完整成形，而留下一個「小尾巴」，結果一吞下去就噎到了，當然也就不喜歡吃青菜。這時可以幫孩子將青菜切碎一點，或是選擇口感較脆的青菜，讓孩子容易咬斷，都是可以讓他們更願意吃青菜的變通方法！

了解孩子才可以幫助孩子，面對孩子不是講大道理，也不是強迫或威脅，而是需要爸爸媽媽的用心與引導。孩子挑食請先不要責備他，若讓用餐時光變成戰場，就算人間美味擺在眼前，也會讓人食之無味。克服挑食並不難，請帶著孩子跟你一起去採買食材，讓他多認識蔬菜、肉類與水果，卸下面對陌生食物的心防，自然就會比較願意接受各式口感的食材！

behavior 行為 12

# 不愛打招呼

# 理解害羞背後原因，人際交往不恐懼

面對害羞的孩子，請不要急著要求孩子打招呼，也不要一開始就給予熱情的擁抱，而是應該給孩子多一點適應的時間。

想想看，搭公車時，如果有一個不認識的人，一直很熱情的和你打招呼，又不停地想要靠近你，你會覺得很舒服？還是想要保持距離？孩子的感受也是一樣，特別是當孩子愈來愈會認人後，對於陌生人的感應雷達也就愈來愈明顯，並且保持警戒。當孩子遇到對他而言是陌生的人時，請先尊重孩子個別的感覺，不要急著強迫孩子打招呼。

孩子在四歲以前，適應度尚未成熟，到了新環境往往需要多一點時間來暖機，偶爾會有害羞、退卻的情況，在陌生環境甚至會出現哭鬧或逃避的行為。這時請不要刻意放大孩子的當下反應，應該先提醒自己保持平常心，這樣孩子反而較不會感到緊張。請給孩子多一點適應時間，而不是抱怨孩子沒禮貌，更不要因此而覺得沒面子轉而責備孩子。那樣只會讓孩子感到挫折，更加不願意和別人打招呼。

## 孩子不敢打招呼，出於下列三個原因

### 原因① 對稱謂混淆

小小孩在記憶時，需要一個一個配對，就像是面對奶奶與外婆，若兩個人都叫阿嬤，會讓他覺得很不自在，為什麼兩個人都用同一個「名稱」？當他出現困擾或混淆時，會因記憶上的困難而引發焦慮。這時最簡單的方式就是在稱謂前，再加上一個地名，就可以幫助孩子區辨，方便孩子記憶，也會讓他感覺安全。孩子很可愛的，只要記得名字，就會覺得那個人是熟人了。

## 原因② 擔心被注視

部分小孩被陌生人注視時，會感到害羞、退縮，因此出現閃避的情況。這有點像是我們在照相時，若心情感到緊張連微笑也會變得僵硬。如果要孩子當下直直盯著別人的眼睛看，往往會出現抗拒行為。這時我們可以運用一個小技巧，拿一張貼紙貼在陌生人的額頭上，和孩子說先不用看對方的眼睛，引導孩子看向貼貼紙的地方。這樣既能讓孩子感到安心又能看著人，就不會被責怪或誤解了。此外，平常多幫孩子照相，也是很好的練習喔！

## 原因③ 覺得很陌生

對爸爸媽媽來說很熟的親戚，對孩子而言如果不常見到，依然是很陌生的人。兩歲以前的小小孩對熟人的定義與我們不同，睡覺起來依然存在的人才是熟人。隨著科技的進步，我們可以多帶孩子看親戚們的照片，或多用網路視訊等方式，讓孩子有更多機會接觸親戚，當孩子熟悉了也就不容易怕生，自然會願意打招呼。

害羞並不是一個問題，內向的孩子也不見得會有人際互動的困擾。外向的孩子或許較容易交到朋友，但與朋友們在關係的維繫上往往不如內向小孩。

內向的孩子善於內省，會主動調整與修正自己的行為。請爸爸媽媽先看孩子的優點，不要急著改變孩子，才能找到更適合孩子的教導方式，做出正確指引。

behavior
行為
13

## 愛隨處塗鴉
# 在亂畫中培養手腕靈巧，日後寫字不煩惱

筆對於小小孩而言，就像是魔法棒，透過筆將各式各樣的幻想畫出來。雖然爸爸媽媽看不太懂孩子們的創作，他們依然樂在其中。每當小小藝術家完成一幅作品之後，孩子不僅很有成就感，爸爸媽媽也會覺得很開心。為什麼孩子那麼喜歡在牆壁上亂塗鴉，卻不願意畫在紙上呢？

依美術教育心理學者羅恩菲爾對兒童繪畫的分類，一歲至四歲之間的孩子正處於發展上的塗鴉期，也稱為「錯畫期」。小小孩常常一拿到筆就亂畫一通，開心地用線條和色塊組合成一個又一個的圖案，甚至還會為圖畫命名。爸爸媽媽總是好奇，明明



3-4
歲

就有給紙張啊，為何孩子們還是會偷偷地畫在牆上、沙發背面？

## 孩子隨意隨地繪圖的原因

原因① 無法預期結果

二至四歲的孩子是活在當下的，還沒有辦法預期結果。這時的他只看得到眼前的具象物，前方有一支筆，就是要畫圖。當他的手一碰到筆時，大腦就會告訴他手要畫畫，此刻只要是他判斷可以作畫的地方，就會很直覺地畫下去。因為他還沒有聯想到畫畫要畫在紙上，如果放筆的桌上沒有鋪上一張紙，就會直接畫在桌面上，想當然耳就是被爸爸媽媽罵。解決的方式很簡單，將紙和筆同時放在一起，讓孩子拿到筆就可以在紙上畫畫，這樣就可以解決問題。此外，直接在桌上貼上大張的白報紙，也是一個不錯的方法，可以讓孩子盡情揮灑創意。

原因② 手腕力量不佳

有時我們給小小孩圖畫紙，他們不願意畫在紙上，反而硬是想要畫在牆壁、沙發上，這個讓爸爸媽媽想不透的困擾，正是因為孩子手腕力量不足所致。拿起畫筆，從垂直面作畫可以給予手腕額外的支撐，在牆壁上畫才會比較漂亮。孩子們比我們更清楚如何才能讓自己畫得好看。請不要責怪孩子不聽話，孩子只是想要和你分享，在牆壁上作畫會畫得比較好看。解決的方式很簡單，準備一個畫架或將圖畫紙貼在牆上，讓孩子有可以發揮創意的地方。

### 原因③ 運筆技巧練習

塗鴉是孩子發展的必經階段，透過拿筆隨意描繪線條、塗抹色塊，可以熟練運用自己的手臂、前臂、手腕和手指。從爸爸媽媽鼓勵中獲得動機，才會願意繼續反覆練習，直到熟練如何精確地控制手中的那一支筆。孩子塗鴉不只是在練習畫圖，更是為日後拿筆寫字做準備，我們應該稱讚孩子多麼認真，而不是給予責備，不是嗎？

從兒童發展的角度來看，小小孩的精細動作尚未成熟，他們透過塗鴉和繪畫的過程，漸漸熟練如何控制運筆。小小孩用他的小小手，隨意塗上好幾個圈，任意添上兩、三條線，就變成了小花；再補上幾筆，一下子又變成小狗。雖然常常與最初說要畫的圖像已無關連，但又何妨呢？

孩子需要的是引導而不是限制，當他隨意揮灑創意時，請抱著欣賞觀點，多給孩子一些鼓勵。家裡的牆，請幫寶貝預留一個可以塗鴉繪畫的空間，拿起筆恣意創作是孩子正式練習寫字前，最佳的運筆練習活動。

手腕靈巧與否，是孩子日後寫字有沒有效率的關鍵。如果孩子寫一下就手酸，又如何可以專心寫字呢？

behavior 行為 14

# 什麼都害怕

# 用陪伴孕育勇氣，用勇氣培養探索的內在動機

恐懼是一種很強烈的原始感覺。當人們受到不熟悉的刺激感到威脅時，就會誘發我們做出保護自己的反應，產生害怕的感覺。害怕就像是大腦裡的警報器，提醒我們注意那些不尋常刺激的出現，讓我們可以保持警覺狀態，以免遭受危險。特別是四歲以下的孩子，因為「自我保護」的能力尚未成熟，因此特別容易感到害怕。

如果刺激物一直存在，就會引起「攻擊逃跑反應」。孩子往往會拉著你想要離開，而出現哭鬧不止的舉動，直到刺激物完全消失才會停止。當孩子感覺恐懼時，最需要的是爸爸媽媽緊緊擁抱，給予他所需要的安全感。



3-4歲

恐懼並非是一個完全負面的情緒，這是維持生存所需要具備的基本能力。想想看，如果一個孩子不知道危險、搞不清楚害怕，帶他出門一下子想要衝過馬路、一下子想要站到桌子上，你覺得這樣好嗎？面對孩子的害怕表現，請不要過度責備孩子，為他貼上膽小鬼的標籤。從另一個角度來看，孩子的小心謹慎，也不一定是壞事一件。

## 面對哭鬧不止的孩子，請這樣幫助他

### 幫助① 給予安全

當孩子感到恐懼時，最需要的就是你給予的安全感。請抱起孩子，讓他知道你會陪伴在他的身邊，不會離開或消失。藉由你的安慰與鼓勵，孩子才會願意嘗試鼓起勇氣。恐懼感升起的當下，千萬不要對他說：「再哭我就不抱你！」這只會讓孩子覺得更加恐懼，更是哭鬧不止。

### 幫助② 轉移注意

孩子因為害怕的關係，往往會一直盯著刺激物，結果反而會愈來愈緊張而更加害怕。此時請先引導孩子將注意力轉移到不會害怕的事物上，例如：孩子怕舞台上的小丑時，可以請他找找看，姊姊和媽媽坐在觀眾席的哪裡？透過你的引導，讓孩子的視線離開小丑，在尋找的過程中，情緒就會漸漸平穩下來。

### 幫助③ 保持距離

讓孩子與刺激物先拉開距離，這時請不要提到「勇敢」「可怕」「膽小」這些詞彙，而是給予孩子足夠的觀察時間。保持適當距離後，他的安全感會漸漸加強，就會發現刺激物好像沒那麼恐怖，自然也就會願意嘗試接近看看。孩子有時不是真的害怕刺激物，只是需要多一點時間適應、熟悉而已。

當然孩子感到害怕時，有時我們無法立即帶他離開刺激物以脫離恐懼，請不要強迫孩子要求他做出更讓他沒有安全感的舉動，也不要嘲笑孩子，因為這樣的互動不僅不會有任何幫助，還會讓孩子變得更膽小。

勇氣中有很大一部分是謹慎小心，而不是義無反顧的往前衝刺。你的陪伴是孩子的依靠，也是孩子產生安全感與勇氣的來源。孩子會在生活中一步一步克服恐懼，學會擁有勇氣。

給予孩子充分的安全感，協助他鼓起勇氣探索新世界，才能讓他養成對新事物充滿好奇的熱誠。這樣的內在動機，就是未來專注力的根本。

behavior 行為 15

# 討厭短蠟筆

# 斷掉的蠟筆，是促進精細動作的良伴

孩子拿著蠟筆畫圖時，常常一不小心就會將蠟筆折斷。往往畫不到兩三張，一盒蠟筆就斷了一半。許多爸爸媽媽想著現在蠟筆很便宜，再買一盒新的就好？我們都希望給孩子最好的，但是這樣的物質提供方式真的好嗎？給孩子新的東西，就是對他最好嗎？

也許你不知道短短的舊蠟筆，遠比長長的新蠟筆，可以教導孩子更多。新蠟筆，孩子只要一把抓起來就可以塗塗抹抹，如果力道控制不好，很容易一下子就斷掉；舊蠟筆不到三公分，無法一把抓起來，反而可以幫助孩子訓練到更多的能力。

## 短蠟筆的價值

價值① 促進指尖力量

舊蠟筆短短小小的，孩子不能用五根手指一把抓，而是需要用手指捏住。透過拿短蠟筆畫圖，可以誘使孩子使用手指尖握著，恰好能訓練指尖肌肉力量，幫孩子打下日後精細動作發展的基礎。如果孩子從來都沒有用過斷掉的短蠟筆，怎麼會有機會練習指尖捏住的動作？

價值② 促進掌內分節

掌內分節聽起來很陌生，其實我們每天都在做這個動作。手掌的前三指負責動作，末兩指負責穩定。我們的手掌每天都會不斷同時執行有動有靜的動作，透過掌內分節，孩子才能準確地捏起扣子、彈珠等小東西，並且可以控制好湯匙與鉛筆。如果孩子每次拿東西都是五隻手指一把抓起，怎麼會有能力靈巧地拿起東西呢？

## 價值③ 懂得愛惜物品

當了爸爸媽媽之後，無時無刻都心繫著孩子，希望能給孩子所有最好的。擔心孩子沒穿暖，幫他添購衣服；擔心有黑心食品，幫他烹調餐點；擔心孩子學得不夠多，幫他挑選繪本閱讀。我們處處從孩子的立場出發為孩子設想，但是有個重要的觀念，你必須要知道——有時新不一定是好。對孩子有幫助的才會是好的，這跟價格高低、東西新舊一點關係也沒有。給予孩子過多的東西，不僅讓孩子不懂得珍惜，更可能減少孩子應該有的練習，這對孩子來說真的好嗎？

請不要再將斷掉的蠟筆丟掉，而是幫孩子整齊地放回盒子裡排好。帶著孩子一起拿起短短的蠟筆著色、塗鴉，盡情地畫出各式各樣的圖案。讓孩子在與你遊戲的過程，練習出良好的手指力量吧！

當我們一心一意給予孩子最好的生活時，可能會在無意間剝奪孩子練習的機會，反而讓孩子的發展受到限制。等到孩子長大又抱怨他不知道滿足？帶孩子不是一味順著孩子，那不是民主而是放任。孩子需要我們正確的引導，才能順利平安長大。

behavior 行為

16

# 拒說對不起

## 去除可能被處罰的陰影，安定情緒讓認錯變容易

想想看一個情況，兩姊妹在跳跳床上玩，玩得太開心，姊姊一個不小心跳起來時，正巧撞到低頭的妹妹。很不巧地，妹妹這次被撞到鼻子，當場痛得哇哇大哭。看到妹妹大哭起來，姊姊非常著急，一方面想要安慰妹妹，另一方面又想要撇清關係。這時要姊姊說聲「對不起」，她就是像壞掉的錄音機，完全出不了聲音，整個卡在那裡。是孩子沒有禮貌，喜歡狡辯嗎？不是的啊，爸爸媽媽請別誤會，孩子只是擔心自己犯錯，而卡在那裡不知道應該如何是好。

上述的情景，是孩子玩耍時很容易出現的情況，基本上就是個單純的意外，沒有所

謂的誰對誰錯。在這個當下要姊姊說聲對不起，是基於無心犯錯而將妹妹弄疼的禮貌，並非是因為姊姊做錯事而要鄭重向妹妹道歉。但是孩子的小腦袋瓜想到的卻不是如此，她的心裡是這麼想的——我沒有「做錯事」，所以不可以說「對不起」。

## 孩子打死不願意說「對不起」的原因

### 原因① 擔心會受到處罰

孩子都希望可以在爸爸媽媽面前表現得很好，三到四歲的孩子特別在意自己會因為犯錯而不被疼愛。如果大人用很凶惡的眼神盯著孩子看，還大聲說著：「做錯事，就要說對不起。」往往會讓孩子產生焦慮的情緒，接著就開始哭鬧起來，反而更難說出對不起。這時爸爸媽媽要做的事其實很簡單，就是承諾孩子不會受到處罰，讓孩子先將情緒安定下來，自然就比較容易說出對不起。

### 原因② 覺得自己被誤會

覺得自己沒有犯錯又被強迫要道歉時，孩子往往會出現抗議的情緒。這又可以分成兩種情況：一是意外事件；二是搞不清楚狀況。孩子常常卡住不願說對不起，是因為他心裡想著，開口說對不起就是承認自己做錯事，因此無法輕易說出這三個字。

面臨這樣的情況時，請不要執著於誰對誰錯，而硬要孩子說出對不起。而是先安慰正在哭泣的孩子，讓另一個孩子（事主）先暫時等待，等到一切都穩定下來後，才和孩子說明事情發生的原因。

## 原因③ 搞不懂禮貌用語

「對不起」其實有兩個用法，一種是犯錯而要和人道歉，比較像是英文的sorry；另一種是麻煩別人的客套句，比較像是英文的excuse me。三到四歲的孩子常常覺得自己沒犯錯，所以當他們不小心撞到人、踩到他人的腳，會打死不說對不起。這時可以跟孩子說：「說對不起，不是因為你犯錯，而是你比較有禮貌。」這樣孩子就會比較願意說出對不起。

當孩子不願意說對不起時，請先了解孩子是怕犯錯而不是鬧脾氣。爸爸媽媽不是馴獸師，教導孩子不是愈凶愈嚴格就是愈好。如果孩子心裡留有只要承認錯誤，就一定會被處罰的陰影，自然就會變得愈來愈不願意說對不起。

教導的重點是要讓孩子願意開口說對不起，請給他一個正確的觀念——說對不起是一種禮貌，不是探究誰對誰錯。我們要教孩子解決問題的方法，而不是透過嚴厲處罰，讓他在心生恐懼下被迫向人道歉。

自信和動機是孩子專注力的基石。過度高壓的責備，雖然可能會有立即的效果，但是長期下來，對專注力的培養卻是不利的。

behavior 行為 17

# 拖拉不睡覺
# 三管齊下，用優質睡眠打造專注力

明明已經到了上床睡覺的時間，但是孩子就是超級不配合。時鐘都已經要十點了，孩子還是躺在床上拚命說話，真的會氣死人。壓著孩子睡覺，就像打仗一樣累死人了。為什麼孩子就是不早睡呢？

隨著工作性質改變，我們的生活已經脫離早上六點起床，傍晚五點回家吃飯的作息。絕大多數的人，都是九點上班，但不知道哪時下班。生活作息不自覺地漸漸往後挪移，生活在同樣一個家庭中的孩子，當然也會受到影響愈來愈晚睡。這並非是現在孩子喜歡賴皮、不願意配合，而是我們常忽略一些幫助睡眠的準備工作。



3-4 歲

# 孩子準時入睡的妙方

## 方案① 下午安排適當的運動時間，消耗體力

要讓孩子早睡的關鍵，並不是我們幾點讓孩子上床睡覺，而是幾點叫孩子起床。如果孩子精神奕奕，整個就像是一個充飽電的電池，即便壓著他躺在床上，大概左翻右翻一小時，他還是不會入睡。隨著孩子年齡增長，四到五歲時的體力明顯會比三歲前更好，如果下午沒有去走走跳跳個一小時，晚上往往就不容易好好睡覺。孩子準時入睡的重點不是幾點要孩子去睡覺，而是幫他安排適當的運動時間調節體力。孩子的能量耗盡，時間到了自然就會乖乖配合睡覺。

## 方案② 就寢前將燈光漸漸調暗

影響睡眠最重要的因素，不是時間而是「光週期」。正是因為太陽有起落的變化，「睡眠週期」跟著光亮與黑暗出現。如果二十四小時都是燈火通明，我們的睡眠週期就會受到干擾而混亂。想要養成孩子正常的睡眠時間，最重要的就是天亮時，幫孩子拉開窗簾；夜晚來臨時，幫孩子將燈光漸漸調暗。研究還發現，3C產品螢幕發

散的藍光，波長與太陽光相似，如果在睡前看上三十分鐘，也會破壞睡眠週期，導致孩子變得難以熟睡。

### 方案③ 睡前一小時不要和孩子玩過度興奮的遊戲

孩子對自己身體的疲勞狀態較不敏感，見到爸爸媽媽總是開心興奮，在身體疲憊又興奮過頭時，常會出現失控的情況。爸爸媽媽千萬要記得，睡前一個小時內，不要跟孩子玩會讓孩子興奮的遊戲。如果希望孩子早點睡覺，也不要在睡覺前拿出新玩具給他看，那對孩子來說，會進入進退兩難的狀況。倘若給孩子玩新玩具，孩子一定是玩個不停，非要玩上一個小時才會心甘情願上床睡覺；但如果不給他玩，即使孩子躺在床上，心裡還是惦記著玩具，嘴裡一直念個不停。無論是上述哪種情況，最終的結果都是讓孩子的入睡時間往後遞延一到兩個小時，反而搞得不歡而散。

研究證明干擾孩子專注力最重要的因素，就是睡眠不足。在幼兒期幫助孩子建立規律的生活週期，是爸爸媽媽的首要工作。

以生活週期而言，孩子其實比大人還要來得規律，但是這樣的規律性，需要爸爸媽媽用心引導才能培養出來。要孩子早點上床睡覺並不困難，避免設下不易入睡的陷阱，孩子很快就可以準時上床乖乖睡覺了！

behavior 行為

18

## 共讀沒耐心

# 善用手勢與肢體，孩子也愛聽爸爸說故事

近年親子共讀的風氣愈來愈興盛，常常聽到許多爸爸擔心自己故事說得不好，往往將說故事這件重要的事，視為是媽媽的專屬工作。國外研究發現，爸爸說故事的效果其實比媽媽更好，可以讓孩子更喜歡聽故事，有助於提升日後的閱讀能力！

仔細研讀這篇研究，發現影響研究結論的主因不是性別問題，而是說故事的方式。心思細膩的媽媽拿起繪本說故事，往往會注意每一個細節，常常要求自己一個字都不能念錯，要像電腦一樣精確。爸爸念故事則是心隨意走，完全不照劇本，還會添加大量手勢與誇張語調，讓孩子感到非常新奇更加專注聆聽。



3-4歲

專家是這麼譬喻的，媽媽念故事，就像是一齣文藝愛情電影，強調細節與對話，還隱藏著許多隱喻；爸爸念故事，卻像是科幻動作片，有誇張而無厘頭的情節出現，讓人猜不透的劇情愈加吸引人。只能說風格不同，效果當然也就不一樣。

## 孩子三至四歲間的共讀時光

### 差別① 不同的故事風格

相對於媽媽而言，爸爸在說故事時，往往會有比較多的肢體動作。透過手勢與動作，更能吸引孩子閱讀時的專注力，也讓孩子聽得更認真。爸爸們在為孩子念故事時，不用擔心自己是否念得結結巴巴，也不需要刻意去模仿媽媽故事，而是善用自己的方式說給孩子聽。就算是同一個故事，從不同人的口中說出來，也會有不同的感覺。孩子們很快就能察覺，每一個人都有不同的想法，表達的方式自然也會不一樣。自然而然孩子學會同一件事情有不同的說法，日後更能舉一反三。

## 差別②　讓孩子創造故事

爸爸說故事往往會東加西湊，孩子也會熱在其中搶著接著說正確的故事。讓孩子嘗試說故事，既可以練習表達力，也能培養創造力。即便孩子說錯了，爸爸也不用糾正孩子，只要適時引導一下，就會讓孩子繼續說下去。父子（父女）間的共讀時光，常常一開始是爸爸說故事，結果變成爸爸聽故事，這也是另外一種驚喜不是嗎？

## 差別③　適當的角色詮釋

研究指出，和孩子講關於勇氣的故事時，爸爸有更好的角色來做詮釋。讓孩子們更加相信，自己可以擁有克服恐懼的勇氣，促使孩子變得更加獨立。孩子在四到五歲時，會特別迷戀爸爸，覺得爸爸是「世界上最厲害的人」，在這麼重要的成長階段，千萬不要因為工作忙碌而缺席。請趁著孩子黏著你、模仿你和崇拜你的時期，帶著孩子一起看書、說故事，引導孩子喜歡上閱讀。

親子共讀不是媽媽一個人的工作，爸爸們有空也要放下手邊的事情，念一篇篇精采的故事給孩子聽。其實孩子們一直都很期待爸爸的故事，而不只是回家以後的一個擁抱而已，現在就讓我們拿起書本，幫孩子說一個床邊故事吧！

behavior
行為
# 19

## 討厭看牙醫

# 爸媽的表情，影響孩子接觸新事物的意願

孩子不喜歡刷牙，每天刷牙就跟打仗一樣，究竟是為什麼呢？蛀牙明明就很不舒服，孩子卻堅持不去看牙醫，這又是為什麼呢？

觸覺是我們人體最大的感覺系統，口腔與臉部是觸覺最敏感的地方。對於觸覺過度敏感的孩子，往往會抗拒把刺刺的牙刷放進嘴巴裡面。這時愈是強迫或威脅，孩子反而會愈來愈抗拒，最後就變成生活中的衝突。就像是洗澡時，不讓你用沐浴球，硬要你用菜瓜布洗澡，你會覺得舒服嗎？

了解孩子的感受是協助孩子的第一步。口腔、臉部的觸覺較為敏感，我們可以用食指指腹按摩，幫孩子在嘴唇四周做按摩的動作，間接刺激牙齦達到減少敏感度。再搭配選擇比較柔軟、細毛的牙刷，孩子接受度提高，自然會比較願意配合。

如果很不幸的，孩子蛀牙必須要去看牙醫，也請爸爸媽媽不要過度責備。你可能不知道，導致孩子不願意看牙醫，最重要的因素是——爸爸媽媽的表情。

## 孩子不願意看牙醫的三因素

### 原因① 怕被責備

三到四歲的孩子特別擔心做錯事，也很怕被責備。要去看牙醫之前，請暫時不要和孩子說：「你就是不乖乖刷牙……」之類的話。孩子會因為擔心被責備，而更加抗拒去看牙醫，加上又不清楚究竟會發生什麼事情，誘發焦慮情緒，當然會產生情緒波動。先暫時收起你的責備，和孩子說：「牙醫會把你的牙齒變漂亮。」這樣才會讓孩子更容易接受。

原因② 聽覺敏感

有些孩子對於聲音很敏感，聽到不熟悉的聲音會很害怕，抗拒吸塵器、吹風機等聲音。這類的孩子在看牙醫時，聽到鑽頭轉動的聲音，會覺得渾身不對勁，而出現抗拒的行為。可以在家裡先讓孩子熟悉這些電動工具的聲音，比如讓孩子幫忙自己吹頭髮、使用吸塵器，甚至在大人協助下操作電動螺絲起子。先降低孩子對於這類聲音的抗拒程度，再去看牙醫就比較容易成功。

原因③ 爸爸媽媽表情

孩子對於新事物的情緒，容易受到爸爸媽媽表情的影響。根據《國際兒童牙科雜誌》的報導，孩子是否害怕看牙醫，與爸爸媽媽對於看牙醫的態度有關，特別是爸爸的反應。帶孩子看牙醫時，請爸爸不要故意做出害怕或恐懼的表情來逗弄孩子，不然將會變成一場大災難；應該盡量保持愉快的心情，給予孩子安全感才是最好的方式。

孩子的情緒是與爸爸媽媽連動在一起的，平時與孩子互動，請一定要保持正向情緒，不要常常不經意地流露出緊張的表情，容易導致孩子錯誤的連結。依照孩子的年齡，培養孩子自己刷牙的好習慣。三到六歲之間的孩子，雖然已經可以自己刷牙，但是依然需要爸爸媽媽的協助與檢查，一直要到七歲以後，孩子才能完全獨立把牙齒真正刷乾淨。

最後還是提醒大家，盡量不要讓孩子們吃零食，那才是最容易導致孩子蛀牙的原凶。

behavior 行為
# 20

## 凡事搶第一
## 覺得自己很厲害，是自信心發展的必經階段

孩子任何事情都想要當第一，吃飯、拿東西、玩遊戲、上樓梯、洗澡等都想要當第一，搶第一之後，伴隨的就是出現許許多多大大小小的爭執。當孩子得到第一往往會非常開心，如果沒有得到第一，就會出現哭鬧或生氣等負面情緒。

孩子在三至四歲時，開始進入自信心的發展階段，透過模仿大人與自己實際操作的過程，培養出良好的自信心。這時孩子會覺得自己是所向無敵的，並且期望自己可以變得愈來愈厲害。他們的表現不外乎是透過多加的嘗試與學習，吸收外在新知識，期望自己是最厲害的。在期待自己是最厲害的背景下，就會出現搶第一的情

況。搶第一並非是孩子變壞了，而是一個很正常的過渡階段。

當孩子沒有得到第一，出現鬧脾氣的情況時，請先不要責備孩子，這不是他故意要鬧脾氣，而是害怕自己變得不棒、不厲害所出現的負面情緒。三至四歲的孩子對於情緒類別尚未分化完成，還無法正確表達自己的情緒，在這樣的表徵下，很容易被誤認為是壞脾氣的孩子。

## 三到四歲的孩子，容易出現搶第一的行為

### 原因① 自信心發展階段

三至四歲的孩子非常在意自己的表現，很喜歡學大人做事，覺得自己已經脫離小孩子變成大人了。透過模仿過程，孩子覺得自己每天都變得更厲害，從中培養出良好的自信心。由於孩子急切地想要獲得自信心，容易出現想要表現贏過別人的情緒，而有爭搶的行為。這時候可以採取幫孩子分組的方式，讓每個孩子都有獎，減少孩子間的衝突。

### 原因② 類化概念的發展

孩子開始學會分類，將「棒的」和「壞的」分為兩組，但卻又過度簡化，導致孩子對於「小孩子」「弟弟」「妹妹」「小的」等比較詞彙變得特別敏感。常常會因為被喊一聲小妹妹，就突然覺得自己不厲害，自信心遭受打擊，而莫名其妙哭鬧起來，還會一直回答：「我不是小妹妹，我是姊姊。」這時不是和孩子解說道理，而是不要再用小名，改用本名稱呼他，即可避免生活中可能出現的小衝突。

### 原因③ 情緒控制未成熟

五歲以前孩子還沒辦法妥善地自我控制情緒，需要適當的外在協助。請不要一直耳提面命告訴孩子：「要控制好自己的脾氣」，而是教導孩子使用適當的策略，讓孩子獲得成功經驗。當孩子情緒失控時，先適時地轉移孩子注意力，再做後續處理。這種方式往往會比和孩子說大道理，更容易讓孩子學會如何控制自己的情緒，那才是幫助孩子最好的方法。

我們必須知道：搶第一並不是一件壞事，更是孩子主動學習、尋求表現的關鍵。請不要強迫孩子不可以搶第一，以免導致孩子的自信心受到壓抑，可能會讓孩子日後變得被動，到時反而得不償失。

幫助孩子培養出足夠的自信心，引導孩子學會排隊與輪流，讓每一個人都可以當第一，自然而然也就能解決問題了。

Part 3

# 專注發展

## 5～6歲

隨著動作、表達、社交的成熟，孩子就像是一個小大人，有時甚至會說出一些讓大人驚豔不已的話語，逗得爸爸媽媽非常開心。

這個時期孩子開始脫離家庭保護，嘗試融入團體生活。與朋友互動過程中，學習堅持與妥協。透過反覆練習，孩子學會控制自己的慾望，並且遵守社會規範。

21 行為 愛挑三揀四

22 行為 慾望無限大

26 行為 趴著寫功課

27 行為 開始會說謊

行為23
### 不願意上學

行為24
### 欺負好手足

行為25
### 搞不懂注音

此時孩子更要開始學會責任感，對自己的行為與工作負責。透過完成工作的過程，幫助孩子漸漸延長注意力的時間，這正是他培養「持續性注意力」的關鍵。如果這時的他，仍然茶來伸手、飯來張口，沒有練習做事，又哪裡有機會培養專注力呢？

當孩子愈來愈大，請減少我們每件事情都幫忙的疼愛，不要凡事幫孩子做好做滿。而是讓孩子自己動手，才是對孩子最好的疼愛。

行為28
### 想要當老大

行為29
### 有攻擊行為

行為30
### 囉嗦講不停

behavior 行為 21

# 當孩子的篩選器，簡化選項培養選擇性注意力

## 愛挑三揀四

前些日子由於工作的關係，原本都會招呼寶貝們吃早餐的媽媽，因為一早就要去上班，準備早餐的任務改由阿嬤來擔當。阿嬤真的是非常疼孫女，通常只要準備兩分一樣的早餐就可以了，愛孫心切的阿嬤準備了四到五樣不同的早餐，希望讓寶貝孫女們自己選想要的來吃。

阿嬤出於好意的早餐多選項，出現非常有趣的場景——兩姊妹莫名其妙地吵起來了。妹妹一邊不停哭著，追著姊姊跑；姊姊一邊跑著，一邊把蛋糕捲拚命地往嘴裡塞。這個畫面不是孩子愛吵架，也不是姊妹倆不會禮讓，而是我們不知不覺挖了個

陷阱給孩子跳。

對於孩子而言，選擇超過三個就不是選擇，而是一個陷阱。當可以選擇的數量過多，超過孩子的處理能力，他們就無法判斷出自己真正想要的東西，而更傾向於選擇別人所做的決定。結果可想而知，只要一個選A，另一個就跟著選A；一個選B，另一個就跟著選B。想當然就是一次又一次的爭吵，因為兩個人老是做出一樣的決定。

就像是在超級市場中，想買一瓶廚房清潔劑，架上滿滿的有十多種不同品牌，一下有機成分、一下去汙力超強、一下又價格最優惠，你會決定買哪一個呢？這往往需要花一些時間思考，甚至會想要拿出手機Google一下，看看網友的試用心得，比較哪一種好用？更多時候，就乾脆放棄購買，下次有空再買好了。如果只有三個品牌呢？這樣的決定就變得容易許多，一下子就可以做出決定，不必費時考慮半天，很快速地就可以挑選出來拿到櫃台結帳。

這樣的道理再簡單不過，但我們卻常常犯相同的錯誤，認為提供多種選擇是尊重孩子的自主意願，但其實這是在為難孩子。就像是出選擇題，只有ABC三個選項，選起來比較容易。如果今天出題老師細心詳盡，特別將每題都額外加上DE選項，你會覺得老師比較好，還是比較機車呢？我們自己經常在無意間出於「好心」，當了一個「機車」的爸爸媽媽，卻又錯怪孩子不願意配合，讓自己氣得要命！

## 選擇邏輯原來和年齡有關

選擇年齡① 兩歲的孩子——選擇最後面的

兩歲的孩子最喜歡說不要，不論你說什麼，他的回答都是不要。這時候如果你要他選擇，因為短期記憶尚未成熟，所以經常會選擇後面那一個。帶兩歲的孩子可以運用這個特質，把你希望他選擇的選項，放在最後面讓孩子來選擇。

選擇年齡② 三歲的孩子——選擇完又後悔

三歲的孩子已經可以經過判斷做選擇，但是因為預期能力尚未成熟，常常在選擇後又會後悔。例如：要吃蘋果還是香蕉，孩子明明選擇蘋果，但是看到你吃掉香蕉，就突然哭了出來。這不是孩子在鬧情緒，而是與階段年齡發展有關。這時可以特意留一點點香蕉，跟孩子練習互相分享，這樣就可以解決問題了。

### 選擇年齡③　四歲的孩子——超級猶豫不決

四歲的孩子終於可以真正做決定，但是很容易猶豫不決。一下子想要拿A，下一秒又要拿B，總是換來換去的。孩子開始對於自己的決定，負起承擔的責任，也因此會陷入困境，擔心自己的決定不夠正確。幫助孩子適當地減少選項，就能解決拖拖拉拉的問題。

孩子的選擇性注意力尚未成熟，每一樣看得到的東西他都很感興趣。爸爸媽媽要當孩子的篩選器，幫孩子簡化選項，才能培養他的專注力。

不是給予的愈多，就是愈疼愛孩子的表現。有時東西愈是複雜，孩子也就愈難做出正確的決定；給予的愈是單純，孩子才能愈容易配合，不是嗎？請爸爸媽媽記得，當選擇超過三個選項，對孩子而言就不是選擇而是陷阱！

## 欲望無限大

# 釐清要與想要，協助孩子做出正確判斷

隨著孩子漸漸長大，對於環境的觀察變得愈來愈敏感，很多時候會說出一些我們從來沒有教過的話，有時會讓爸爸媽媽感到小驚喜，有時也會因此惹上一些小麻煩。就像「廣告」對於五歲的小孩，突然之間擁有超強的吸引力，會讓孩子開始想要買一些東西。

記得耶誕節快到的某個早上，寶貝女兒看到我，居然說：「爸爸，我想要買妖怪手錶，可以嗎？」

女兒想要買玩具並不是件稀奇的事，但是就是有那麼一絲絲怪怪的感覺，一開始也說不上來，很難直接回答她好或不好。記得姊妹倆每次看到「妖怪手錶」，總是跟著主題曲唱唱跳跳後，就要求轉台看其他的卡通。如果以這樣的觀察來看，她並沒有很喜歡「妖怪手錶」這個卡通。當她提出要「妖怪手錶」來當耶誕禮物時，還真的是件很奇怪的事啊！

這時如果直接拒絕她，鐵定會誤會為沒有耶誕禮物，一定又會變成一場小災難；但是直接答應她，又覺得不妥當，到時肯定會出問題。我先蹲下來跟她說：「好的，我先去找找看，你跟爸爸說是在哪裡看到的？」她非常認真地回答：「就是在電視看到的。」我點點頭表示我聽到了，然後就先出門上班。

趁午休的空檔，透過Google大神，一下就找到女兒說的廣告。看起來真是很神奇，只要將「妖怪徽章」插入「手錶」，馬上就會有「招喚音樂」和「立體投影」出來，顯示出各種可愛造型的妖怪。當然，我直覺那是廣告效果，如果真的有「立體投影」功能，那就不是一千塊的售價，可能上萬元也都跑不掉，因為連我也覺得很炫，哈哈！孩子畢竟是孩子，還沒辦法分辨真實與虛幻之間的差別，也沒足夠的技巧去獲取更多的訊息幫助自己做出正確的判斷。

我又再找了一下開箱影片，非常確定沒有「立體投影」，而是錶面閃光和音效。以我對於她的了解，如果真的收到這個耶誕禮物，應該是玩不到十分鐘就會興趣缺缺，最後就躺在她的玩具箱裡面。倒不如買一個她真正喜歡的玩具，才會常常拿出來玩，這樣也比較有意義。回家後，我與女兒討論了一下我查到的資料，提醒女兒這個玩具只有音樂功能，並沒有她預期的光影呈現樣子，果不其然，她就表示那她不要這個玩具當耶誕禮物了。

孩子沒有那麼難說服，有時候只是當下突然想要買什麼。此時不是立即拒絕她，而是提醒孩子想一想自己真正想要的是什麼？透過你的引導，孩子往往就能知道自己想要的，而不會不停地堅持自己未必真心喜歡的玩具。

## 破解孩子吵著要買玩具的主因

### 破解① 當下看到的慾望

孩子因為突然看到新奇玩具出現的暫時性慾望，一下子就會結束，就算真的買了，回去也一定只會玩一下子。這時候最好的解決方式，就是提醒孩子真正想要的玩具，然後運用這個藉口，先離開眼前的刺激物，孩子很快就會遺忘了。幫孩子轉移注意力，想到其他快樂的事情，往往是最好的方式。

## 破解② 「要」「想要」分不清

四歲前孩子的表達技巧還沒成熟，甚至會過度簡化。對孩子而言，「要」可能有很多意思，「要買、想要、希望、可以」都有可能。當小小孩說：「我要大象」，當然不是要買回家，可能是我「想要去看」大象。請爸爸媽媽不要一開始就發脾氣，立即拒絕孩子；也不要每次都買，讓孩子養成壞習慣。

## 破解③ 因為同儕的壓力

五歲以上的孩子，容易因為同學都有同樣玩具的同儕壓力，而想要買特定的玩具。本質上，孩子不是吵著買玩具，而是期望可以交朋友。這時必須要釐清孩子的慾望，了解孩子在學校裡的生活，再做適當的決定。

現代的父母，陪伴孩子的時間愈來愈少，往往會以買玩具給孩子當作補償。當物品選項太多時，孩子的專注力反而更容易分散。愛孩子不是無條件的付出，而是掌握正確原則下，協助孩子培養持續性專注力。

當孩子要求買東西時，不是當下直接拒絕，也不是立即同意，而是帶孩子找出買東西的初衷，協助孩子做出正確判斷。不論爸爸媽媽最後的決定是要買或不買，請記得千萬不要買了，又抱怨孩子不珍惜。因為那是我們大人決定要買的，而不是孩子。

behavior 行為

# 23

## 不願意上學

# 遵守準時接送承諾，建立信任感和時間觀

暑假最後一週，往往是全家最忙碌的時刻，爸爸媽媽無不希望可以讓孩子的假期，留下歡樂而美好的回憶。告別了歡樂的假期，開學的第一天，不要說孩子自己不習慣，連大人也都會要調整一下自己的步調。

特別是對於幼兒園的小小孩，在可以黏著爸爸媽媽幾十天後，再度要與爸爸媽媽分離，往往是一個挑戰。對於那些第一次要踏入校門，展開全新生活模式的孩子們，面對全新的環境與不認識的朋友，更會是一場勇敢的冒險歷程。

開學後的前幾週，請爸爸媽媽務必準時去接孩子，讓孩子吃下一顆定心丸，相信你會遵守承諾，每天都會準時接他回家。千萬不要覺得遲到個十分鐘，沒有什麼大不了。對於小小孩而言，十分鐘跟一小時一樣長久，這不是時間長短的問題，而是兩個人之間的承諾。

五分鐘、十分鐘、半小時究竟是多久呢？這個問題對於孩子來說，真的是太難了。心情好的時候，時間一下子就過了，就算是半小時也像五分鐘；心情不好的時候，時間過得慢吞吞，連個三至五分鐘也覺得難以忍受。就孩子而言，時間一直都是情緒性，而不是物理性。請爸爸媽媽一定要準時去接孩子放學，千萬不可以遲到喔！

## 開學症候群，上學哭鬧的原因

原因① 適應度比較弱

從每天黏著媽媽，到一大早必須離家，這樣巨大的變化，對孩子來說是一個大挑戰。孩子的適應力比較弱，需要較長的時間才可以適應。通常需要二至四週的時間，孩子才會真正熟悉改變。愈規律、愈可預期的生活模式，孩子也就愈能調適。

### 原因②　時間概念進步

在兩至三歲時，對於時間概念還處於模模糊糊的階段，媽媽晚一點來，孩子大致都不太有感覺。到了四到五歲時，已經有明確的時間概念，爸爸媽媽只要稍微晚一點來接，就會感到焦慮。所以時間一到，孩子馬上就迫不及待地希望爸爸媽媽出現在眼前。當孩子抱怨你遲到，這不是孩子愛找麻煩，而是時間觀念進步的象徵。

### 原因③　被喚起的焦慮

看著旁邊的同學，爸爸媽媽一個一個都來接他回家，只有自己一直等不到爸爸媽媽。一次一次的等待，喚起他一次一次的焦慮。由於和你的承諾被破壞，小腦袋裡一直擔心：「媽媽是不是發生什麼事，為什麼還沒來接我？」為了避免這樣難過的感受，隔天早上鐵定變得賴皮，打死不肯去上學。

開學的第一週是孩子能否乖乖上學的重要關鍵，請遵守你與孩子之間的承諾，唯有讓孩子產生信任感，當他再度要離開你身邊去上學時，才能卸下不安無憂無慮地出門。請不要小看這一件事，對於孩子來說，這可是一等一的大事情，也是讓孩子喜歡上學的關鍵。

如果真的無法準時去接孩子，也一定要和孩子說清楚，不要開空頭支票。那只會破壞你們之間的信任感，反而讓孩子陷入焦慮，變得更不願意上學。

behavior
行為
24

# 欺負好手足

# 減少彼此競爭，調和手足階段發展衝突

孩子很不乖？很愛生氣？喜歡無理取鬧？有時問題不是出在孩子本身，而是出在弟妹身上。哥哥和弟弟只要兩人分開帶，一切都很ＯＫ，就像是可愛的小天使。但是只要兩個人湊在一起，不到幾分鐘，不是兩個人搶來搶去，就是一個哭著告狀，搞得全家雞飛狗跳。很多時候並非是孩子不乖，而是我們有意無意之間，鼓勵孩子們之間的競爭。

當孩子相差兩歲半到三歲半之間，手足競爭的風險最大。特別是一個四歲、一個兩歲的家庭，往往讓爸爸媽媽頭痛不已。因為四歲的哥哥，正在發展學習如何掌控權力；偏偏兩歲的妹妹，開始發展自我概念而不受控制。在發展階段上，兩人做的事情都是對的，但是發展目標卻是相互衝突。這時需要父母運用智慧來幫助孩子，千萬不要一再地要求哥哥讓妹妹，強勢的介入往往會導致手足之間產生更多的摩擦。

千萬不要動不動就開口說：「你是哥哥，所以要……。」哥哥聽到這樣的話，心裡一定想著我是哥哥就應該倒楣嗎？這樣的話一開口，不單單沒有鼓勵到孩子，反而會讓哥哥變得想要去模仿妹妹，而出現退化行為，結果更容易讓哥哥被處罰。

孩子的情緒控制，要到六歲時才會日漸發展成熟，那時兄弟爭吵的頻率應該會降低許多。如果在哥哥四歲時採用高壓的威脅或處罰，往往只會讓哥哥不滿的情緒更強，甚至引發報復心理，到時要處理可就更複雜了。

## 三個小方法，化解孩子爭吵高峰期

### 方式① 減少彼此競爭

孩子爭吵了，大人需要做的第一件事情，就是盡量減少比較，減少彼此的競爭關係。請不要用妹妹的表現來威脅哥哥，例如：「你看妹妹都可以乖乖坐好」或「如果你不乖，那我就給妹妹」等威脅、比較式用語，這樣只會增加孩子之間的競爭。哥哥如果做錯事，可以直接的責備，但是請不要用妹妹來當處罰的藉口。孩子會覺得，若我是妹妹，是不是做錯了也不會有事？反而會出現哥哥故意陷害妹妹的情況，到時問題可就更麻煩了。

### 方式② 不要充當裁判

吵架並不是一件罪大惡極的事情，而是因為溝通技巧不成熟，出現的暫時情況，只要沒有動手傷害對方，請不要過度介入孩子之間的紛爭。當兄妹之間發生爭吵時，請不要當裁判，不然兩邊都會覺得你偏心，反而讓狀況變得更加複雜。衝突發生時，先將兩個人分開，讓孩子自己決定是要原諒對方，還是一起被處罰。孩子們往往往會決定原諒對方，問題也就可以跟著解決。

方式③ 單獨享有爸爸媽媽

對於哥哥而言，妹妹雖然有時候很好玩，同時間卻也搶了媽媽對我的關注，也因此會出現又愛又恨的情緒。每個孩子都希望得到父母全心全意的愛，在哥哥的內心中，偶爾也會希望回到妹妹還沒出生的時光，可以黏著妳、靠著妳。請安排孩子與妳單獨去玩的時間，這個約會會是孩子最期望的獎勵。

大人的要求孩子多數都會願意配合，只是不知道應該如何去做，我們需要教孩子的是方法，而不是給予處罰。就像是第一次當主管的人，管理與溝通都是需要學習的。當哥哥也是這樣，要學習如何教妹妹，只是他的運氣不好，這個妹妹一直都不太聽話，而且還喜歡越級告狀。

請記住，不要因為妹妹做錯事而處罰哥哥，不然哥哥的脾氣鐵定會變得更壞，因為他會覺得自己老是被妹妹陷害。調整好我們的心情，盡量做到上面三點，不用生氣或處罰，你就會發現我的孩子即便長大了也是好可愛。

behavior 行為

# 25

## 搞不懂注音

# 避免認知錯亂和混淆，學習符號一次只能學一種

孩子進入國小前，究竟應不應該先學ㄅㄆㄇ？這真的是一個眾說紛紜的問題。一半的人認為應該讓孩子快樂長大，另一半的人認為不要讓孩子輸在起跑點，好像一直都沒有一個定調。但是有一個絕對的標準答案，那就是「ㄅㄆㄇ」和「ＡＢＣ」絕對不可以同時教。

「ㄅㄆㄇ」和「ＡＢＣ」是兩個完全不同的拼音系統，也都需要將抽象符號替換成聲音。兩者若分開時間來教學，讓孩子記憶與熟練，那是絕對沒有問題的。如果同時教孩子「ㄅㄆㄇ」和「ＡＢＣ」時，問題可就大了。

如果我在紙上畫上寫一個「Ｙ」，請問應該要念「阿」？還是念「歪」？或是「一」呢？同樣一個「Ｙ」，注音符號上要念「阿」，在ＡＢＣ要念「歪」，在拼音上要念「一」。究竟「Ｙ」要念什麼呢？有沒有突然覺得很複雜，有一種到底是在搞什麼鬼東西的感覺。

這個道理並不難懂，小孩子學拼音符號，就像是我們在學電腦打字一樣。有人用注音輸入法，有人用倉頡、嘸蝦米、拼音輸入法，甚至還有大易或行列輸入法。每一種輸入法都有它的擁護者，但是如果我要求你同時學兩種輸入法，前三十分鐘用注音，後三十分鐘用嘸蝦米，你覺得合理嗎？還是覺得我在刁難你？

不論哪一種輸入法，在熟練之後都能學會，但是如果同時練習，那只會造成混亂。像我在電腦前打字是用注音輸入法，但在手機上是用拼音輸入法，兩者我都非常習慣了。但我是先學「注音」再學「拼音」，而不是同一個時間學習兩種方式。大人都已經是如此了，更何況是孩子。你覺得同時教孩子「ㄅㄆㄇ」和「ＡＢＣ」，對孩子的學習有益？還是有害呢？

## 語言學習三大要點

### 要點① 爸爸媽媽不要太著急

爸爸媽媽過度擔心孩子學不會、學不好，所以早上拿ㄅㄆㄇ圖卡，下午看DVD英文影片，結果孩子不是中文、英文都OK，而是大腦大打結，兩者都搞不清楚。孩子語言學習的路上，最需要放輕鬆的是爸爸媽媽。對孩子而言，一種符號只會有一種讀音。先教一組拼音符號，等到半年後，再教另一組效果才會比較好。

### 要點② 學習以認識為主

孩子在四歲後，對於符號的概念才剛剛萌芽，學習上主要是以認字為主，而不是寫字。在生活環境中，透過環境布置的方式，讓孩子有更多的機會可以看到ㄅㄆㄇ，隨時隨地讓他接觸這個符號，有機會就跟孩子解說個符號的發音，會比你坐在書桌前面教，更容易讓孩子記得。在日常生活中熟練，才是最重要的關鍵。像是在書桌前貼上ㄅㄆㄇ的符號表，雖然看起來有點俗氣，也是挺管用的。

## 要點③ 避免拼音的混淆

臨床治療上拼音困難的孩子，最常出現的就是英文與注音混淆，明明手裡寫的是ㄕY（沙），嘴裡念的卻是ㄕㄨㄞ（摔）。仔細想想也滿有道理的，若他將中文與英文一起拼，「ㄕ（師）＋Y（歪）」不念「摔」又要念什麼呢？不是孩子們不聰明，而是我們把他的腦子搞混了。

---

**拼**音符號的學習，不論是先讓孩子認識「ㄅㄆㄇ」，或是讓寶貝先學「ABC」，真的都沒有問題。最大的問題是兩種符號，在同一個時間點一起開始學。請運用你我的智慧，幫孩子避開可能遇到的學習問題。

---

behavior 行為

26

## 趴著寫功課

# 改善握筆姿勢，就能端正坐姿把字寫好

孩子寫字老歪著頭，整個人好像趴在桌上，距離書本那麼近，以後近視怎麼辦？不管媽媽如何耳提面命，孩子就是只能配合一下。常常是媽媽坐在旁邊，可以乖乖坐好，媽媽一離開又馬上趴下來，真的是把媽媽氣炸了。難道真的要把棍子拿出來，好好教訓一番，才能坐好嗎？

很多時候不是孩子不配合，而是孩子做不到，特別是握筆姿勢有問題時。因為孩子握筆姿勢不佳，當他的手拿著鉛筆時，視線被自己的拇指遮住了，因為看不到筆尖，只好歪著頭、靠近一點，才能看清楚自己寫的字。

這時要求孩子身體挺直、頭抬高，跟要求孩子眼睛閉起來寫字，根本就是一樣的事情。兩者都是看不到，怎麼能夠繼續寫字？孩子乖乖配合坐好後，我們又抱怨他字寫得醜、寫得慢。如果你是孩子，你會不會覺得很冤枉？

若握筆寫字出現問題，首先要做的不是責備他，而是陪著他找出握筆姿勢不良的原因，當孩子學會正確的握筆姿勢後，自然就能端正坐在書桌前不再趴著寫字。

## 無法好好握筆寫字的原因

### 原因① 當湯匙取代筷子

你有沒有發現拿筷子的方式，就像是同時拿兩支鉛筆呢？東方人每天拿著筷子吃飯，就是在幫孩子寫字、握筆打好基礎，如果你可以拿筷子三十分鐘，當然寫字也就能持續三十分鐘。現在孩子喜歡用湯匙吃飯，愈來愈少使用筷子，手指練習的機會當然就變少，要拿好筆寫字也就較困難。不要因為疼愛孩子，四歲以後還在一口一口餵孩子吃飯，那反而是陷害孩子喔！

## 原因② 手腕穩定度不足

我們小時候很少有人能擁有自己的書桌，常常就是拿著粉筆在圍牆、馬路上亂畫一通，要不就是拿著樹枝，在泥土上刻出線條。相對於在桌子水平面上寫字，過去生活更多時間是在垂直面上寫字，透過垂直面給予支撐，讓手腕穩定度得到充分練習，長大寫字時才不會出現倒鉤的情況。這個舉例不是鼓勵孩子在牆壁上作畫，而是提醒你要給予孩子手腕力量的練習，小時候常做的拍球動作就是絕佳運動！

## 原因③ 食指指尖力量差

握筆時需要拇指與食指捏著鉛筆，中指靠著鉛筆提供支撐，才能流暢地運用鉛筆。如果食指指尖力量不足，不就握不住鉛筆？這時孩子很聰明，會用大拇指來代替，把拇指壓在食指上，這樣就可以握好鉛筆，缺點就是拇指把指尖遮蔽了。趴著寫字的關鍵不是孩子乖不乖，而是孩子食指指尖力量夠不夠。孩子食指指尖力量好不好，最簡單的觀察就是看他可不可以撕開零食包裝袋。透過撕開動作，讓孩子發展食指指尖的力量！

孩子不是不願意配合，而是碰到困難時，他說不出無法完成這件事的原因。帶孩子就像是當偵探，一步一步地順著線索，找出問題產生的真相。只有掌握到真正的原因，才能有效協助孩子解決問題。

想想看吃飯比較累？還是寫字比較累？鐵定是寫字比較累吧！如果一個孩子拿湯匙吃不到三十分鐘手就沒力，還要張口讓爸爸媽媽餵，如何要求他一口氣寫完三十分鐘的字呢？不是孩子寫字不專心，而是我們沒有幫他建立好習慣。

吃飯是孩子最好的寫字練習機會，當孩子四歲以後，請讓他端起碗拿起筷子練習自己吃飯。小小的舉動，同時也是培養孩子持續性注意力的關鍵。

behavior 行為 27

# 開始會說謊

# 了解說謊動機，引導孩子解決問題

小孩子常常會因為認知思考上的限制，或者是因為不認錯，而出現堅持己見，常常就會有「睜眼說瞎話」的情況出現。請不要過度擔心，讓自己陷入「我的孩子怎麼這麼小就會說謊話……」的焦慮之中。

根據研究顯示，兩歲時有二〇％的幼兒會說謊；三歲約五〇％；四歲約八〇％，絕大多數孩子在五歲時會有說謊經驗。看到這裡，請爸爸媽媽不用特別擔心，若發現孩子說謊，請不要先懷疑是不是自己做錯什麼事，或是擔心孩子學壞了。我們需要做的是——教導孩子誠實的好處。

說謊並不是一件好事，但也沒有我們大人想像的那麼嚴重。我們需要培養孩子誠實的品格，但不是要求孩子百分之百完全不能說謊，特別是有些社交需要的「善意謊言」。與人互動若太過直白，往往不是誠實，有時是惱人的白目行為。絕大多數的孩子在三至四歲間，開始會出現第一次說謊的情況。

## 從兒童發展觀點看孩子說謊

### 能力① 理解他人想法

說謊第一步，就是要了解這件事情「只有自己知道，但是別人不知道。」如果別人都已經知道，還想要說謊，肯定是百分之百會被抓包。孩子在發展過程中，隨著大腦逐漸成熟，綜合之前的經驗與過去習得知識的能力，已經開始會推理他人的想法。

### 能力② 控制臉部表情

說謊第二步，要能控制自己的情緒，不能一成功或爸爸媽媽掉入設下的陷阱就露出得意的笑容，不然鐵定會被爸爸媽媽發現。孩子要先有足夠的情緒控制能力，才能說謊不被發現。很多孩子都會說謊，說謊是否會被抓包的關鍵在於「控制臉部表情的能力」，有的孩子一說謊就會被發現，但有些孩子的謊言，會讓你聽起來說得跟真的一樣。

### 能力③ 故事描述能力

說謊第三步，需要在大腦中虛構出一個場景，並且準備好演員們，描述出一個故事，透過流暢的表達能力，經由嘴巴說出來。如果孩子說得支支嗚嗚，往往就容易被別人懷疑而無法成功。

說謊不是百分之百的罪惡，而是孩子在有所突破性的發展過程中，暫時出現的情況。

發現孩子說謊，重點不應該先放在孩子怎麼會說謊，而是了解孩子說謊的動機。如果孩子說謊，是為了保護自己的安全，那絕對是無可厚非，不需要嚴厲處罰，而是引導孩子使用更恰當的方式。如果孩子是刻意說謊來陷害別人，或者為獲得他人獎賞而說謊，就必須要立即制止與處罰，千萬不能姑息。

同樣的行為因為動機的不同，大人處置的方式也要跟著調整。最重要的原則都是一樣的，不要急著處罰或責備，而是靜靜地聽孩子把話說完，了解孩子在想些什麼，你就知道應該要如何處理了。

**想**要孩子說實話，最重要的不是嚴格處罰，而是大人也要具備聽得下「壞消息」的能力。

讓孩子知道對爸爸媽媽說實話，是不會被處罰的，而且爸爸媽媽還會一起幫助他想出解決的辦法，那麼孩子自然就不會再說謊了。這才是身為父母的我們，對待孩子的正確做法！

behavior 行為 28

# 想要當老大
# 找到對的模仿對象，教孩子學會控制情緒

孩子們玩遊戲時，常常會出現爭吵的情況。為了一個玩具應該要放在哪裡，彼此間堅持不下，甚至出現推擠、威脅、打人的情況，真讓爸爸媽媽冏很大。我的孩子在小時候，明明脾氣就很溫和，為什麼才過一年，就變得這麼容易生氣？是孩子在幼兒園學壞了嗎？還是被同學欺負了？

孩子四至五歲時開始出現控制慾，想要掌控權力要求別人聽他的，會變得愈來愈有自己的主見。同個年齡層的孩子每一個人都有自己的想法，當三、四個小朋友聚在一起時，爭論到底要聽誰的場面難免會出現，小小摩擦與爭執就此發生。

控制慾不是壞事，從另一個角度來看，這是孩子出現領導能力的關鍵。當孩子在同伴中想要掌控遊戲的走向，要求別人配合他的想法，這是一件很值得鼓勵的行為。

控制行為的出現，要在意的關鍵並不是孩子太愛命令別人，而是使用的方式是否恰當。如果非常強硬的要求孩子不可以有任何意見，將來孩子在團體中，會變得不敢表達自己想法，只會乖乖配合別人，這樣的人際互動對孩子來說其實不太好。

正因如此，不建議家長採用打罵或責備等高壓方式要求孩子改變。而是應該找出孩子愛爭吵的可能原因，協助孩子學習符合社會期許的方法。

## 控制他人前，孩子腦袋瓜裡想的是什麼？

想著① 急著想要長大

孩子過於急著想要長大，希望展現出自己的能力讓同伴們佩服，才會出現想要在團體裡掌控決定權的行為。但是因為技巧尚未成熟，當同伴不配合時就會出現彼此爭執的情況。最好的方式就是幫孩子培養一項嗜好，像是彈鋼琴、摺紙、圍棋等活動，讓孩子可以明顯地優於同齡的孩子，當有明顯的優勢後，孩子們之間的爭執也就會減少了。

### 想著② 不當的角色模仿

當孩子喜歡特定動物時，常常會出現模仿的聲音或動作。年紀小的孩子較喜歡巨大、強壯的動物，像是大象、長頸鹿、獅子、熊或恐龍等。這是一個象徵性的意義，表現出孩子想要變得強壯。隨著年紀漸漸變大，甚至到了青少年時期，有可能就會轉而喜歡較為嬌小、需要被照顧的動物。如果孩子的「偶像」是獅子、恐龍等肉食動物，就可能會出現威脅動作，而被誤認為脾氣暴躁。這時可以引導孩子喜歡不同的動物，改變模仿對象也會有幫助。

### 想著③ 情緒控制未成熟

自我控制的能力，通常要等到五歲半後才會出現。當情緒被誘發出來，就像是脫韁野馬失去控制。深呼吸是最常使用的方式，透過調節自己的呼吸，誘發副交感神經活化，達到穩定情緒的功能。對於孩子而言這真的有點困難，建議用閉氣活動來引導。就像在游泳池潛水一樣，先大大的吸一口氣，然後捏著鼻子閉住呼吸，在心裡默默從一數到十。透過將注意力轉移到控制呼吸以及數數，間接達到控制不發脾氣的目標。

孩子絕對不是因為想要爭吵，才跟朋友們一起玩，只是太想要控制全局，才會不小心出槌。若大人排解糾紛的方式是刻意將孩子跟朋友分開，反而是剝奪孩子在人際互動上練習的機會。引導孩子改變外在行為，減少爭吵頻率，與同伴的互動開始改善，就能交到許多好朋友喔！

behavior 行為

29

# 有攻擊行為
# 學會堅持與妥協，發展出與人互動的社交技巧

孩子們在一起玩，難免會出現爭執、吵架的情況。不論是搶玩具、爭先後、交朋友，甚至是吸引爸爸媽媽的注意，都會導致孩子們吵成一團，甚至出現動手推人的情況。

當孩子們發生爭執時，最好的方式就是在旁觀察，盡量不介入孩子們的爭執，讓孩子們可以從中學習到堅持也練習到妥協。這樣的過程裡，孩子會在堅持與妥協中慢慢取得平衡點，發展出適當的社交技巧。

不介入孩子們的爭執，並不是放任。當孩子已經用右手抓著另一個孩子的頭髮，高舉左手握緊拳頭準備要攻擊他人時，當然就要出面干預加以制止，立即將兩人分開，以免傷害到別人。絕對不是放任孩子，讓他們打出勝負，因為打贏的人並非就是對的。更何況當他人出現打人動作，要孩子打回去才公平的觀念，也是錯誤認知，會導致長大後產生攻擊行為。

攻擊行為好發在四歲左右，想要在活動中獲得掌控權希望大家都聽他的。若受到同儕的拒絕，攻擊行為就容易被誘發出來。孩子們常常在玩遊戲時，由於意見爭執不下，別人不願意讓他，大腦轉了老半天找不到其他方式，情急之下就張大嘴巴咬下去，或是出現動手拉扯的動作。此時的孩子因為自我控制尚未發展好，難免會出現動手動腳的情況，需要大人從旁引導與協助，讓孩子了解在社交場合與人相處時，要拉出一條可以被他人接受的界線。

隨著年紀漸漸長大，等到五歲以後，孩子具備「抑制衝動」與「調適情緒」能力，這樣的情況就會漸漸減少，而改用商量或吵架的方式互動，動手的行為會慢慢遞減。

如果孩子自我控制尚未成熟，情緒調適還沒發展時，我們就教導孩子「被打了就要打回去」，你覺得這樣好嗎？

正因如此，不要在孩子被人欺負時，就給孩子「你就打回去」這種似是而非的答案，這只是挖洞給孩子跳，總有一天會自食惡果。

## 動手打回去，會讓孩子的人際互動遇上阻礙

### 觸礁① 不會控制情緒

一開始的確是被弄到不舒服，忍不住了才回手。但是當回手習慣了，就會變成只要覺得不舒服就打人，根本連忍都懶得忍。五到六歲正是情緒調適的發展階段，我們卻教他不需要練習，照著自己的感覺走，當然每一個孩子都火氣十足，活脫脫的像是小霸王。當孩子深信「打贏的」才是最厲害、最棒、最強的人，你覺得孩子日後的人際關係真的會好嗎？

## 觸礁② 不會保護自己

「保護自己」與「生氣打人」是完全不同的事情，教孩子要保護自己的技巧，而不是被冒犯了就可以動手打人。當別人惹我生氣，也是冒犯到我，是不是也可以依樣畫葫蘆打人呢？保護自己的方式很多，打架只是其中一種不恰當的選項，當你教孩子打回去的那一刻起，就要有這樣的心理準備——哪天當孩子眼睛腫成黑輪時，請不要怒氣沖沖地去找對方家長理論，因為孩子的黑輪只是他打輸的結果。

## 觸礁③ 人際大衝突

如果孩子真的聽你的話，打遍天下無敵手，你是要高興呢？還是要難過呢？這樣的孩子在幼兒園時，大家年紀都一樣、身高體型差不多，加上老師時時刻刻陪在身邊，問題不會浮現。等到進入小學，一到六年級的身高、大小個子差距很大，下課時間一到所有學生都奔向操場時，大大小小的孩子全部都混在一起玩，這時老師已無法隨時陪伴在側，到那時人際間的衝突才是真正要白熱化的時候。

帶孩子、教孩子不能只看眼前的事情，而是要幫孩子看得更長遠。請不要教孩子「你就打回去」那樣的情緒性動作，因為那只能解決當下的情緒，卻可能導致孩子未來與他人互動上產生困擾。

behavior 行為

# 30

## 囉嗦講不停
# 練習說故事，發展口語表達能力

五歲左右，孩子開始會想要搶著念繪本給大人聽，模仿你說故事的樣子。這時請千萬不要阻止孩子的熱情，而是將念繪本的主導權轉交給孩子讓孩子嘗試看看。這是一個很棒的機會，趁著孩子超愛講話時期，把握機會鼓勵孩子說故事給你聽。

愛說話在重視表達能力的現代社會，是一個增進與人互動的強項。想想看，一個人，如果可以把故事說得生動有趣，讓聽眾豎耳傾聽，相較之下就更能打動人心。說一個「好故事」往往比講一個「大道理」，更讓人願意打開心房專注聆聽，也更容易說服別人。許多偉大的領導者，不也都是善於使用「小故事」來引導他人重新思

考？對孩子成長而言，會說故事也是非常重要的技巧，能夠讓孩子更容易交到朋友，在團體中獲得關注。

一開始說故事，孩子當然無法說得非常完整，但請不要打斷孩子，糾正他的小錯誤。爸爸媽媽唯一需要做的事，就是當一個瘋狂的粉絲，認真地傾聽孩子偉大的「表演」。即便孩子童言童語的把「三隻小豬」，不知不覺說成「七隻小羊」，看看他認真表達的模樣，也請務必帶著微笑傾聽到最後一刻，再給他一個大大的鼓勵擁抱。因為你樂於傾聽，孩子才會願意表達，喜歡與你分享。

## 孩子說故事時，請珍視他的表現，把他視為「表演者」

### 聆聽① 當個稱職的聽眾

孩子愛說話是想要與你「分享」。如同我們去看了一場好看的電影，會迫不及待地與同事一直聊，但又要小心不可以透漏太多。就是因為想要分享的心情，孩子愛上閱讀，不只是說給你聽，也會說給他的朋友們聽。如果看了一大堆書，卻連一個聽眾也沒有，單純把書看完，怎麼延伸其他樂趣呢？聽孩子說故事，請爸爸媽媽轉換主被動角色，從主動的講者變成被動的聽眾。

### 聆聽②　不要一直想糾正

爸爸媽媽常常過度強調故事的正確性，卻忽視孩子講故事的感受。就像是如果你站在台上演講，台下的聽眾三不五時就打斷你，你覺得還能繼續講下去嗎？孩子畢竟是在練習階段，還無法將故事說得完整，在他練習的過程中，需要的是家長的包容而不是糾正。在最初的練習階段，請陪著孩子從他最常聽的「舊故事」開始，孩子會更容易上手。

### 聆聽③　適時提供小提示

當孩子卡住說不下去流露出求救眼神時，請爸爸媽媽心領神會感應一下，不著痕跡地幫孩子補位，讓他順利講出下面的關鍵字句，引導孩子把故事說完。讓孩子享受說故事的成就感，他自然而然就會愈來愈喜歡說故事給你聽。不要把孩子的分享，變成考試的背誦，那反而會傷害到孩子的動機，到時又要花費好多時間鼓勵孩子，分享是孩子喜歡讀書的關鍵，說故事是孩子表達分享的一種好方式。傾聽孩子說故事，給予正面的鼓勵。在與你分享的過程中，孩子會愈來愈喜歡看書，並且主動地將喜歡的感覺橫向移植到學習。讓孩子在一次又一次的說故事經驗中練習說故事的技巧，自然就會愈講愈好，愈講愈有條理，漸漸地發展出具有魅力的語言表達能力。

睡前親子共讀，除了念繪本給孩子聽，有機會也讓孩子念繪本給你聽。你的聆聽就是給孩子自己說故事最好的獎勵。爸爸媽媽和孩子一起專注於「你聽我說」的互動過程，是孩子未來能自主閱讀，培養視覺和聽覺專注力的最佳學前練習機會。

Part 4

# 專注發展

## 6歲以上

當孩子進入國小以後，要扮演的角色開始轉變成學生。這時孩子最重要的工作，不再是開心遊玩的小小孩，而是學業學習。

從幼兒園到小一的過程，對孩子來說是一個巨大的改變。爸爸媽媽要了解孩子們可能會碰到的問題，提早幫孩子準備。孩子在教室裡不專心，常常不是因為孩子不配合，而是被小問題卡住，這個小問題往往不被大人理解。

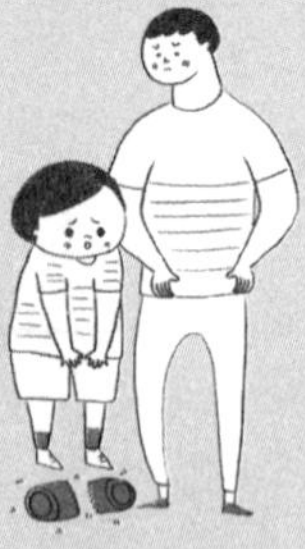

31 行為 愛以身試法

32 行為 寫字不用心

36 行為 被動都得盯

37 行為 老是說不聽

行為
## 超愛找理由

行為
## 寫作業好慢

行為
## 數字亂亂寫

孩子需要的不是責備也不是包容，而是運用智慧，幫孩子找出解決問題的方式，自然就可以找回孩子的專注力。請不要跟孩子一起緊張著，這樣反而容易把小問題弄成大問題，甚至傷害到孩子的自信心。

光光老師深信：「了解孩子，才能幫助孩子」。讓我們一起來看看，孩子學習上的各種小麻煩，到底隱藏著哪些祕密

行為
## 開學未收心

行為
## 電動打不停

行為
## 愛搞小團體

behavior 行為

# 31

## 愛以身試法

# 嘗試與探索，誘發主動學習的動機

當我們在教導孩子時，常常亦步亦趨緊盯著他，要求孩子不要犯錯，只要錯一點點就急著叮嚀與矯正，深怕孩子做錯事。這樣真的是對孩子最好的方式嗎？

小時候不讓孩子嘗試，長大後卻又抱怨孩子很被動，需要一直耳提面命；小時候不讓孩子失敗，長大後卻又抱怨孩子怕挫折一點小事就放棄。你不覺得這樣的心情很矛盾，也很雙重標準嗎？

孩子就像是天生的科學家，凡事都要親身嘗試過才會相信事實。就算跟他說：「這



6 歲以上

個杯子會燙」，就是要親自摸一下才願意相信大人說的話。外在看來雖然是調皮，但也就是因為這樣的天真與執著，讓孩子與大人有著決然不同的想法。他們不怕失敗、勇於嘗試，正是上帝給予孩子的禮物，也是科技可以日新月異的原動力。

當我們將全部的精力傾注於幫助孩子不會犯錯，卻忽略了孩子的天性與特長，這樣的努力到頭來可能是一場空，也會讓孩子感到精疲力竭。成功值得讚揚，但失敗也不是一件錯事，最重要是孩子喜歡探索與嘗試。

## 多讓孩子嘗試探索的三個原則

### 原則①　避免過度的保護

嬰兒之所以能在跌跌撞撞中學會走路，就是因為他不怕跌倒才可以走得更好。請不要一直將不可以掛在嘴邊，這不是保護孩子而是限制孩子的發展。特別是當孩子已經六歲以上，爸爸媽媽應該是要告訴孩子「可以怎麼做」，而不是單單的嚴格禁止。

### 原則② 請多給一點耐心

不要迫不及待地教導孩子，更不要直接幫孩子完成，我們應該多給孩子一些練習的時間，不要期望孩子一次就可以完全做到好，因為孩子需要練習才會熟練。很多時候，孩子不是失敗只是還沒有成功。爸爸媽媽過早地介入，反而會讓孩子覺得自己做不好，影響他未來解決問題的動機。

### 原則③ 帶著孩子找方法

當孩子碰到難題時，不要直接給予解決問題的答案，而是用開放式問句提問，例如：「你覺得呢？」引導孩子先說出他的答案，然後再帶出你的想法，帶著孩子一起「做實驗」，試試看哪一種方式比較好。透過實驗與練習，孩子自然就會學會如何解決問題，也就不再那麼害怕失敗。

該改變的是大人，與其將心思用在培養孩子避免犯錯，倒不如多花點時間幫孩子養成有禮貌且積極的態度。孩子在未來人生的路上不小心絆倒了、失敗了，旁邊也會有人願意伸手扶他一把那才是最重要的。

孩子需要你的引導，而不是保護和限制。請不要努力培養「不會犯錯的孩子」，卻忽略了培養孩子們的天賦，最後反而扼殺孩子主動學習的動機。

behavior 行為 32

# 寫字不用心

# 矯正握筆姿勢，讓寫好字成為學習的利器

孩子寫字不用心？老是寫得像毛毛蟲，歪七扭八的不說，還會忽大忽小的，常常搞到媽媽大發雷霆。真的是孩子寫功課不用心嗎？

事實上，孩子寫字不漂亮，不是因為他寫字不用心，而是握筆姿勢不正確導致。再加上就算努力地寫，也一直得不到好成績，自然導致孩子沒有成就感，久而久之就變得不愛寫字。

孩子需要的不是批評，而是大人睿智的引導，愈是能清楚地指出需要調整的地方，



6 歲以上

孩子愈能盡力配合。

幫孩子冠上不用心的大帽子，可是一點幫助也沒有，只會打擊孩子的自信心。在要求孩子寫字端正之前，最根本的方式是矯正孩子的握筆姿勢，讓孩子寫字變得更輕鬆。請不要一直說：「你老是寫得歪七扭八」或「寫字用心一點」，而是給予孩子更明確的指令。

## 讓孩子寫字變漂亮的三大技巧

### 技巧① 直線必須要垂直

孩子因為手腕穩定度不佳，當在直線書寫時，很容易出現往右歪斜的情況，導致整個字體好像被風吹倒一樣，就算是認真寫也會被批改寫得很醜。可以把寫字的紙張斜放，讓孩子更容易地將直線寫得垂直，自然字體就會變得好看。

## 技巧②　橫線水平或微上

中文字在書寫時，橫線必須是保持水平或微微往上揚，才會讓字跡顯得端正。如果孩子拿筆時虎口是緊閉的，往往會導致橫線變得彎曲，甚至是橫線往下的情況，讓原本是正方形的字體，變成像是梯形的樣子，看起來就是端正不起來。這時可以在孩子寫完之後，給孩子一把尺，讓孩子練習修正自己的字跡，養成習慣將橫線寫得更加水平。

## 技巧③　記得停筆不要撇

孩子運筆時，有時為了要加快速度，若沒有停筆，往往就會出現「撇」的動作，讓字體看起來變得很潦草，自然就被聯想成不專心寫字。這時請不要立即將孩子的字擦掉要求孩子重寫，而是讓孩子將最後一筆再用心描寫一次並且記得要停筆，很快地孩子就會了解，只要多做最後一個小小動作字就會變得好看。

不要孩子一寫得不好看，就直接把它擦掉，而是幫孩子將寫不好的「那一劃」用鉛筆再寫一遍。透過你的示範，讓孩子學會如何掌握這三個原則，很快地就會將字寫得端正，看起也就會順眼許多。

將「寫字不好看」變成是你和孩子共同的「敵人」，幫孩子打敗這個大魔王。你將會發現心態上小小的改變，孩子會突然變得非常願意配合，因為你們是一起努力的夥伴。讓寫字不再是一件苦差事，孩子才能將心思用在學習，變得愈來愈專心。

behavior 行為

# 33

## 超愛找理由

# 將規則定義清楚，再和孩子對焦

孩子超愛找藉口，就連刷個牙、吃個飯、放個書包，都有一大多理由。一下子說等一下、一下子說我不餓、一下子又說沒有啊！明明書包就丟在沙發上沒有放好，還要和媽媽強辯好久，才心不甘情不願拿起書包放回自己的房間裡面。這真的是考驗媽媽的血壓，不知道哪天會爆血管。

孩子超愛辯、找理由，就是不乖乖配合，常出現在兩個年齡段：五歲半和十歲。

五歲半時開始發展自我控制，覺得自己已經有努力，如果看到別人沒做到就會覺得不公平。常會出現牽拖他人的情景，像是媽媽問他為什麼沒收好書包，就會回答妹妹也沒有收。這時只要和孩子溫和的堅持，幫他培養出應該有的好習慣，不用跟孩子解釋太多，就能減少彼此衝突。

十歲左右抽象思考能力變強，邏輯推理也漸漸成熟。此時孩子不再是被動的吸收，開始有自己的判斷，當然也愈來愈有主見。當彼此的觀點不同時，孩子自然就會想要解釋，也就變得理由愈來愈多。愛辯不是錯的，若硬要孩子閉嘴，那才會讓衝突累積愈來愈多，直到有一天終會爆發出來。

愛找理由沒有對錯，有錯的是對待孩子的方式與技巧。想想孩子如果講十分鐘都沒重點，就算是再有耐心的媽媽也會爆炸。我們大腦想得太快，嘴巴說得太多，但是常常說完了就忘記，牛頭不對馬嘴之下，當然也就會被當作是狡辯。讓孩子試著動筆寫出腦袋瓜裡一條一條的想法，和爸爸媽媽溝通就會變得更容易。

## 為什麼孩子總有那麼多藉口？

原因① 過度強調競爭性

全球化趨勢下孩子日後要競爭的對象，不只是一個國家而是全世界的人。在這樣的焦慮下，無形之間我們將不安傳遞給孩子，讓孩子養成過高的好勝心。由於不願意服輸、恐懼失敗，面臨壓力時自然就會不停的找理由。不是孩子脾氣不好，而是他在想辦法紓解自己的焦慮，特別是五到六歲的孩子。這時不要刻意強調競爭，引導他調適情緒也就能漸漸改善。

原因② 規則定義的落差

到底是要「做完」？還是「做好」？對於規則的定義不一致，常常會引爆另一個衝突點。當我們說：「把書包放好」，孩子確實有把書包放著，但是沒有放在房間裡面，這樣算是做完了？孩子覺得自己有做，但是的確沒有做好，這時你的批評會讓孩子覺得被全盤否定而引起情緒波動，後面當然就是不停地鬼打牆。辯論誰對誰錯一點也不重要，你要的是孩子自動自發地做到最好，孩子要的是你給予部分的認可。給孩子一個「待辦事項表」，做完一項勾一個，訊息愈是明確，孩子愈容易配合，衝突也就會日漸減少。

## 原因③ 文化代溝的落差

隨著網路科技的發達，過去的專業知識，現在只要透過Google大神搜尋一下，就可以立即找到。透過網路學習新知，已經是不可逆的趨勢，卻引出另一個問題——孩子的知識攝取來源不再只是家庭與學校，而是無遠弗屆的網路世界。孩子對於新事物的接納度超高，不停的想要吸取外界知識，無形之間也增加親子溝通衝突。不要直覺地和孩子說道理，因為我們可能相處在「不同的世界」。爸爸媽媽跟著孩子一起接觸新的流行，了解孩子涉及的新事物，讓彼此處於同一個世界中，衝突自然就會減少。

孩子理由多，不一定是壞事。孩子想要表達自己的動機，不是蓄意要惹你生氣，其實是想要和你溝通，只是技巧不好而已。雖然有點煩人，但是換個角度來看，最少他願意把自己的感受和想法讓你知道，這不也是好事一件？衝突產生時，不是要孩子先閉上嘴巴，而是增進他的表達能力，讓他能說話切中要點，才是讓孩子改變的關鍵！

behavior 行為 34

# 寫作業好慢
# 用新行為替換舊方法，寫字就能更專心

孩子寫功課時，老是東摸西摸、能拖就拖，一個簡單的功課可以寫上一、兩個小時，每天搞到十點多，真是把爸爸媽媽都快要逼瘋了，究竟有沒有什麼好方法，可以讓孩子寫快一點呢？

最簡單的方式就是——收起孩子的橡皮擦。

收起橡皮擦？要是寫錯了怎麼辦？沒有橡皮擦，就不用訂正嗎？我想這是很多爸爸媽媽共同的疑問，其實不用太擔心，寫功課一定需要「鉛筆」，但是不一定要「橡皮擦」。就像我們使用原子筆時，會隨身攜帶立可白嗎？我想不會吧？

臨床上經常可以發現作業寫得慢的孩子，有時候是因為玩橡皮擦才讓他寫作業寫得拖拖拉拉；有時也會發現另一種類型，就是太希望得到好成績，所以一筆一劃都用刻的，覺得一點點歪掉就要擦掉重寫。光是一個字就擦了四、五遍，功課到底是要寫多久呢？

聰明的爸爸媽媽，當孩子正在寫作業時，請先暫時收起橡皮擦。等到作業寫完後，再拿出橡皮擦讓孩子訂正。

## 作業寫完再讓橡皮擦登場

原因① 減少分心

現在的文具非常精緻，就連橡皮擦都五花八門，高矮胖瘦不一樣不打緊，顏色豐富鮮豔，甚至還有許多不同造型，像是蛋糕、棒棒糖、小兔子等造型橡皮擦。雖然造型可愛，但是卻不見得好擦，而且還很容易弄不見。這些長相漂亮的橡皮擦，其實是孩子寫功課時的分心干擾物。想想看孩子寫一個功課，光是撿橡皮擦就弄了十幾次，寫字又能快到哪裡去？

## 原因②　更加用心

收起橡皮擦，孩子寫錯的機率不會增加，一開始的不習慣需要爸爸媽媽從旁鼓勵。沒有橡皮擦在身旁，因為不能擦掉，孩子反而會一筆一劃更加認真地寫，速度放慢後也會寫得比較好看，而不是潦草帶過，更容易一次就ＯＫ。最常碰到的情況是孩子寫錯，就吵著要用橡皮擦，這時請先教孩子畫小叉叉做記號，等到訂正時再全部擦掉一次重寫，才會更有效率喔！

## 原因③　提高記憶

孩子常常會為了要寫好，結果寫了兩、三筆又擦掉再寫。然後就在再寫、再擦的反覆循環中無限迴圈，當然寫再久都無法完成。書寫的記憶，是靠動作記憶，而不是視覺記憶。新字的學習記憶效率，不是字體的美觀，而是書寫的流暢度。如果寫一、兩筆就擦掉，雖然最後字很好看，可以每次都得到「甲」，但是對於生字記憶，卻是一點幫助也沒有。

孩子寫作業時，爸爸媽媽先收起他的橡皮擦，等到差不多要寫完的時候，再拿出橡皮擦一起訂正吧！最初的前兩週孩子會不適應，作業可能會寫得比較不好看，這時請多給孩子一點鼓勵，讓孩子漸漸習慣少用橡皮擦。當孩子養成習慣，不再依賴橡皮擦，寫功課的速度自然就會加快許多。

孩子不是不專心，而是求好心切。我們先收起愛抱怨、看缺點的壞習慣，不要讓孩子將寫功課和被罵劃上等號。帶孩子要的是方法而不是責備。教導孩子新行為替換舊方法，才能讓他變得更專心。

behavior 行為

# 35

## 數字亂亂寫

# 將數字寫端正，減少粗心大意擁抱學習專注力

孩子功課真的很多，需要寫的作業類別更是不少，爸爸媽媽常常會盯著孩子寫字，特別是國語生字，一字一字的要求，希望孩子寫得端正。對於阿拉伯數字反而就比較不在意，心裡想著反正即便是數字寫得稍微醜一點，也沒有多大關係，看得懂就可以了。

數字與國字相比，數字筆順簡單太多，也就是 0123456789 的排列組合，不像國字光是記憶字形，就讓孩子傷透腦筋。相較之下，數字要寫得好看一點也不難，孩子自然不會花費過多力氣在寫數字上。

多數父母在寫國字上留有許多心思，卻在寫數字上草草放過，結果就是孩子的數字

寫得愈來愈潦草。為什麼一定要孩子數字寫得端正？反正只要看得懂就可以了，光光老師是不是太挑剔了？只要答案正確就可以不是嗎？真的有那麼嚴重嗎？

事實上，這真的是爸爸媽媽需要重視的一件事情。在臨床上碰到許多數學學習有困擾的孩子，平常小考還可以，只要一碰到大考就常常粗心大意寫錯一大堆，出現臨時失常的情況。仔細分析孩子的考卷，才發現孩子不是不會算，而是在抄寫時太潦草，將數字抄下來要計算時，居然就已經抄錯，難怪後面會算出不正確答案。

## 從小就要培養孩子將數字寫端正

寫好① 避免數字難以辨識

孩子自己寫的是0還是6，都看不清楚；7還是1也會搞錯；3和5長得很像；最誇張的是，有時連4和9也都很難分辨。沒時間檢查還好，一旦有時間要用心檢查，卻完全不清楚自己在寫什麼，當然也就不願意復查驗算，而出現因為粗心而犯錯。在小一、小二數值小、數字少的階段，往往不會有太大的困擾。升上三年級，數值變大、數字位數變多後，因為計算寫得歪七扭八，結果自己看也看不懂，光是粗心大意就被扣了十幾分，在缺乏學習成就的情況下，怎麼可能會喜歡數學呢？

## 寫好②　避免直式計算錯誤

如果數字書寫潦草，又有手腕穩定度不佳的問題，會導致孩子寫字時出現歪斜的情況，造成孩子在直式計算出現對位錯誤。兩者交互作用下，簡單的加減乘除也會因為對位錯誤，導致會算的題目還是算錯。影響孩子學習數學的自信心，讓問題瓶頸變得更加嚴重。

## 寫好③　避免孩子抗拒驗算

對於數字潦草的孩子，驗算根本是一個陷阱，不驗算還好，一算就亂七八糟。連自己原來在寫什麼都搞不清楚了，又如何能找出錯誤呢？此時可以使用Word的文書功能，幫孩子列印出適合書寫大小的方格紙，讓孩子用來當作計算紙。透過額外的協助與練習，幫孩子培養出端端正正的計算習慣，這絕對比不停地耳提面命來得有效許多。

可能與一般常識剛好相反，國字寫得潦草或端正，在研究統計上對於孩子學業成就並沒有多大的差異性。反而是大家都覺得無所謂的數字，如果寫得過於潦草，往往會影響孩子的數學學習成就。

請幫助孩子養成正確的寫數字習慣，小小舉動與習慣，是決定孩子未來考試是否會粗心大意的關鍵。專注力的養成就躲在這些細節中，請爸爸媽媽多費一點點心思協助孩子吧！

behavior 行為

36

## 被動都得盯
# 放手讓孩子自己做，享受成就感更能自動自發

孩子就是不會自動自發？就算是一點小事情，都要媽媽在後面盯著才可以完成。寫作業老是要人家盯，不然就是一團亂。考試前更是如此，如果沒有壓著他複習，成績就會慘不忍睹，為何孩子就是這麼地被動呢？

孩子天生就有無比的動機想要學習新事物。對有興趣的事，常常是一股腦地投入，要他停下來都很難。既然如此，孩子應該都是主動的，為何會有被動行為呢？

關鍵就在動機——孩子對於這件事情是否充滿熱誠。孩子若想要學一件事情，最重要的動力就是與他人分享，跟媽媽說、和爸爸講：「你看看我有多麼厲害，又學會一件新事物。」

分享就是孩子的學習動機，當孩子非常興奮地拿著作業要給你看時，請放下手邊工作，看著孩子眼睛，認真回答孩子每個問題。你回覆孩子時的認真神情，是孩子將作業視為要事的關鍵。

但是我們通常不是如此，更可怕的是我們常常「老師上身」。一看到孩子的作業，就急著「找麻煩」，一下子說字寫得醜、一下子又說答案不正確。無意間澆熄了孩子的熱誠，孩子哪會想要主動找自己的麻煩，結果當然就是愈來愈被動了。

請記得先稱讚孩子，再幫孩子訂正，這才是我們應該要做的。

## 孩子不會自動自發的原因

原因① 沒有空閒的時間

從早到晚都在上課、補習、上才藝，生活被事情填滿沒有自己的時間。一直都是被動的聽從安排，當然也就沒有時間概念。此時若突然將時間規劃的任務交給孩子，當然就是挖洞給孩子跳，因為孩子根本搞不清楚，到底自己現在要做什麼？讓孩子學會主動，最重要的工作就是——幫孩子安排好空閒時間，孩子才會願意開始學習如何善用時間。

## 原因②　延遲獎賞的能力

有名的「棉花糖實驗」，就是孩子若可以等待一段時間，就能得到雙倍的棉花糖。如果孩子「延遲獎賞」的時間愈長，日後的成就也就愈高。聽起來真的是好棒，讓爸爸媽媽都很想要練習，要注意這個實驗其實有一個前提，練習的時間要在孩子四歲以後。延遲時間與孩子的年齡有關，四歲前基本上沒辦法，五到六歲大約可以一週，七至九歲最多一個月。如果孩子的等待獎賞時間，超過他的能力所及，孩子當然就會變得沒有興趣。對於七至九歲的孩子，如果要他安排超過一個月以上的計畫，需要爸爸媽媽從旁協助，而不是放手讓孩子自己做。

## 原因③　短期與長期目標

可能和爸爸媽媽想像得差很多，國小五年級的孩子，對於目標的設定是屬於短期或長期，依然是一知半解。如果孩子常常為自己訂出「遠大」目標老是無法達到，當然會變得愈來愈被動。其實不是孩子不努力，而是他預設的目標可能要三或五年後才能達成，老早超過他預期能力之外的範圍。以發展的觀點來看，孩子往往要到十四歲時才能清楚分辨。放手讓孩子自己來時，請記得跟著孩子一起訂定目標，讓他先達成一個又一個的階段性任務，孩子才能享受克服困難後帶來的成就感。在你的陪伴下，孩子才能愈來愈自動自發。

孩子學習的動機，就是要跟爸爸媽媽分享，當你愈是願意花時間傾聽，孩子也就愈願意學習，還會愈來愈自動自發。

放手讓孩子自己做，並不是全然的不介入，而是要循序漸進地慢慢鬆開我們的手。讓我們當孩子的學習顧問，給予孩子適當的建議，陪著孩子訂出可行的目標，讓孩子努力從中獲得成就感。就是這樣一步一步地累積成功經驗，孩子才會變得自動自發。

behavior 行為 37

## 老是說不聽

# 給予明確解方，學習避免再犯相同的錯

當人犯錯時，確實需要被糾正、被提醒，才會改過與修正。但是請不要忘記，人與人之間彼此的尊重。最近社會的氛圍，禮貌變得像是一件迂腐的行為，反而要像「酷吏」一般才是王道，在帶孩子方面也是如此嗎？

責備孩子前，請不要忘記我們的初衷，是要幫助孩子變得更好，而不是打擊孩子的自尊。責備不是比賽看誰講話講得比較難聽，而是要讓孩子願意改過和變得更好。你覺得像九品芝麻官一樣，把孩子的所有缺點重頭到尾數落一次，罵孩子罵到他完全抬不起頭來，事情就可以解決了嗎？

責備是為了解決問題，一定要具體，並且給予孩子一個明確的方向。不然，那絕對不是責備而是罵人。就算讓你罵完，那又如何？孩子真的會因此而改變嗎？我想，孩子不關起耳朵充耳不聞，大概才是有問題的吧！

「相罵沒好話」而且常常很傷人，更何況對象是一個孩子？帶著罵人的口氣，對著孩子說教，孩子如果完全不理會，傷到的會是罵人的你；如果孩子真正聽進去了，傷到的卻會是孩子的心。孩子真的有那麼的不堪嗎？真的那麼的壞嗎？還是那都只是你一時的氣話呢？

不論孩子究竟是「聽進去」或「沒聽進去」，結果如果都不好，那我們就應該思考，是否要改變自己溝通方式？這與管教孩子並不違背，孩子畢竟是孩子，需要爸爸媽媽的引導，而不是一切都順著孩子。

## 改正孩子行為前，爸爸媽媽要遵照的原則

## 原則① 不在盛怒下處罰

絕對不要在盛怒的情況下處罰孩子，那往往只是單方面的發洩情緒，而不是在協助孩子。在盛怒的情緒下，不是傷害到孩子的自尊心，就是破壞親子關係。未來若想要彌補又要花上一番功夫。

## 原則② 給予解決的方式

沒有提供解決方法的責備，只會聽到不停地抱怨和翻舊帳，對孩子而言一點幫助也沒有，孩子當然一句話也不想聽。順著實際情況，問問孩子你覺得應該要如何處理？不要急著反駁孩子的想法，先靜靜地傾聽。當孩子在思考時，自然就會誘發大腦皮質活躍，也才聽得下你後來講的內容。

## 原則③ 不要老是翻舊帳

即便你在氣頭上，但有一件事情一定要記住，千萬不要提「無法改變的事實」。那些過去的種種事情，無論孩子再如何努力，都已無法改變。請不要將孩子犯錯的陳年往事再拿出來說，會讓孩子更不願聽你說，使得孩子的叛逆心變得更高漲。

責備是為了解決問題，而不是製造問題。我們的目標是：「讓孩子避免再次犯錯」，除了責備之外，更重要的是讓孩子清楚知道：「應該要做什麼」，這才是讓孩子改變的關鍵。至於年紀較小的小小孩，難免會聽得似懂非懂，請帶著他的小手小腳做一遍正確示範，往往會比你說一千遍「不可以」來得有效。

孩子是我們心中的寶貝，需要的是你的引導。請收起工作職場上的習慣，不要全身帶刺地教導孩子。孩子有可能在還沒學會之前，就先被我們戳得滿身是傷。

behavior 行為 38

# 開學未收心
# 回憶校園美好生活，用愉快心情迎接新學期

八月中了，暑假過了一個半月，媽媽們終於要熬出頭了，再撐個十多天，小朋友們即將回到校園。

家裡的寶貝蛋，四處參觀博物館和看展覽，享受一段非常豐富的時光。如果說這個暑假兩位寶貝有什麼進步的話，大概就是吵嘴的功力大大提升。回到學校應該不會被欺負，因為在家裡已經獲得充分訓練，很能適時地堅持與妥協。

只是真的是被她們吵翻天，吵到有股衝動想送她們回去上暑期班。但是吵歸吵，兩

姊妹的感情似乎也變得更好，整天都黏在一起。快樂的時光總是過得特別快，不到兩週的時間，要回到幼兒園——開學了！

在暑假即將結束的此刻，有件事情必須提醒大家，收假前的最後一週不要安排出遊。如果計畫要出去玩，請往前再提早一個星期！孩子收心需要兩週的時間，請不要因為疼愛孩子，一路讓他們玩到暑假的最後一天。

不只是孩子，我們大人也是如此，想想每次出國旅遊後回到工作崗位上，常常會有一種倦怠感，需要三、四天才能完全調整回來。在開學的前一天帶孩子出去玩，隔天就要他收心，這樣過大的落差往往是一個意外的陷阱。如果時間不允許，還不如待在家裡好好地休息，反而能讓孩子開學後表現得更好。

## 收起玩性，回到正常軌道的引導

### 收心操① 生活作息規律

漸漸地回歸原來學校生活的作息時間。早上開始早起，減少看電視的時間，增加坐在座位上的時間。不一定是要寫字抄作業，而是增加靜態活動的時間，讓孩子的生活漸漸回到常態。這樣可以讓孩子返回學校時，用更短的時間回到常軌。

### 收心操② 回想學校生活

和孩子聊一下好朋友的事情，回憶學校中有趣的事件。當孩子侃侃而談，想到跟朋友聚在一起的樂趣時，自然就不會抗拒去上學。對孩子而言，朋友之間的情誼，比學習還要重要許多喔！

### 收心操③ 採購文具用品

開學時，孩子最期待的就是準備文具用品，透過準備文具、書包的過程，讓孩子帶著愉快心情，重新回到學校生活。

開學前的兩週，就要進入收心預備期，帶著孩子開始做收心操。收起我們的抱怨，不要東念西念，請使用正向語句引導孩子想念朋友，幫孩子調整好生活作息，孩子自然也就會歡喜上學去。

千萬記得在最後一週，不要再安排出遊，讓孩子提前做好返校的準備。

behavior 行為 39

# 電動打不停
# 減少視覺刺激，回到自然環境滿足前庭刺激

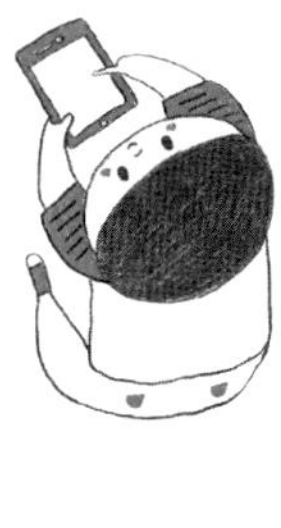

隨著3C科技的發展，現在生活是愈來愈便利了。以前趕到公司後的第一件事情，就是開啟電腦收信和查看行事曆。現在直接打開手機，就能完成相同的事情。對於成人而言，智慧型手機是一個非常強大的工具，但是對孩子而言，卻往往與電玩畫上等號。讓孩子玩手機、滑平板電腦，究竟是在幫助孩子，還是在挖受責難的洞給孩子跳呢？

在自然的生活經驗中，前庭刺激往往與視覺刺激同時出現，也就是當我們進行奔跑、騎車的活動時，視野周圍的景色會同時快速移動。當孩子看到物體在快速移動

時，往往就會覺得自己也在移動。就像我們搭火車時，兩台火車同時停靠在月台，當另外一台火車開始移動，我們第一時間可能還反應不及，會誤認為是自己的火車已經出發，等到幾秒鐘後才會察覺到實際上火車還停留在原地不動。

最近愈來愈多的賽車、酷跑形式電動遊戲，雖然沒有什麼內容，就是畫面一直不停快速變化，讓孩子沉迷一玩就停不下來。這往往是因為孩子誤認為有視覺刺激，就會獲得移動身體的前庭刺激，結果玩了一個小時，最後只有眼睛疲勞，絲毫無法獲得任何的前庭刺激。因為一直無法獲得所需要的前庭刺激，孩子又會想要持續玩下去，而出現一玩就停不下來的情況。

## 電動玩不停是因為前庭與視覺被混淆

原因① 大腦訊息的誤解

孩子需要活動來獲得前庭刺激，往往會想要追求強烈的速度感。在打電動時，大腦誤認為螢幕中快速移動的視覺變化，代表了速度（前庭刺激），深陷在遊戲之中無法自拔。但是不論孩子玩得再久，因為一直都是呆呆地坐在椅子上，身體根本就沒有任何的移動，最後獲得的前庭刺激卻是什麼都沒有。只好再繼續玩下去，然後又沒有得到滿足，最後就變成一個深陷其中的惡性循環。

原因② 過度強烈的視覺

我們常以為打電動，大腦需要大量的運算，可以促進大腦功能。事實上打電動時，只有大腦的視覺區被刺激活化，其他思考區域卻是一片空白。也就是說，打電動不是促進思考，相反地是讓大腦放空。當孩子壓力過大，特別是青少年時期，往往會用打電動放空大腦，讓自己暫時與外在環境隔離。這時不是單單禁止孩子玩手機、打電玩，而是幫助孩子培養出適當調適壓力的方式，孩子自然就不會迷戀電玩。

原因③ 同儕互動的壓力

對於高年級的孩子，電玩有時更像是社交工具，跟同儕有互動的話題。孩子可能會想要在同儕中獲得注目，而開始沉迷電動，期望在團體中獲得成就感。由於期望融入於群體生活之中，因此孩子往往無法拒絕，這時就要像大禹治水一樣，用疏導而不是圍堵。先聽聽孩子的想法，並且一起找出適合的方式，幫孩子做適當的篩選，避免過度沉迷。

習慣往往是在幼兒時期培養出來的，千萬不要將手機、電動當作是幫孩子乖乖坐好的良方，那只會誤導孩子以為視覺刺激就等於前庭刺激，導致孩子不願意出去玩，結果就是愈來愈沉迷於電動之中。整個心思都被電動綁架了，又如何能專注在學習上呢？

讓孩子放下手邊的遊樂器，回到自然環境中，透過控制自己的身體獲得適當的前庭刺激經驗，才是對孩子真正有幫助的事情。

behavior
行為
# 40

## 愛搞小團體

# 從次文化中定義社會規範，找到心理歸屬感

孩子老愛跟同一群朋友在一起，到哪裡都黏在一起，一起說悄悄話。有朋友不是壞事，但是要會挑朋友，老是嘻嘻哈哈的嘲笑同學，一下說誰很髒臭臭的、一下說不要跟誰玩、一下說誰穿得很醜，真是讓媽媽很擔心。上一次還為了要買特定東西而哭得唏哩嘩啦，仔細一問才知道是好朋友有，所以自己也一定要有，不然好像會被孤立一樣。苦口婆心勸他，班上同學那麼多，找其他孩子玩不好嗎？但孩子就是死腦筋，最後又黏在一起。難道真的要幫孩子轉學嗎？

不是孩子愛搞小團體，而是我們都愛搞小團體，只是大人的社交技巧比較成熟。想

想看即便是在工作中，你是否會和誰比較談得上話、聊得比較上天？佛洛伊德曾強調歸屬感的重要性，為一個團體所需要、被信任、被接納，就是我們會喜歡待在小圈子內的原因。相對於大圈子，一個人在裡面就像是即溶咖啡一樣，攪一攪就消失了，圈子再大、朋友再多也沒有意義。

喜歡組織小圈子是兒童期交友的特徵之一。通常由五到八個同年齡和同性別的孩子組成。同圈圈裡的朋友除了一起遊玩之外，更會定義出自己的社會規則，試圖不讓爸爸媽媽或老師知道，甚至隱藏祕密以免被其他人干涉。這並不是孩子在做壞事，而是他在心理上嘗試探索獨立界線，試圖擺脫大人控制，在自己小小的空間中創造自己的社會。

搞小團體常跟小女生劃上等號，好像只有女生才愛搞小圈子。研究顯示，男生的小圈子反而更有組織、更為團結，只是常常與球類活動相連結，所以比較不會被發現。重點不是孩子愛不愛搞小圈子，而是孩子搞的是那種小團體。光光老師只有一個原則，就是你可以不喜歡同學，但是不可以欺負同學。只要小團體無傷害他人的排他性，其實大人可以睜一隻眼、閉一隻眼。

## 處理孩子愛搞小團體時的原則

### 原則① 不讓孩子有罪惡感

小團體就是為了要獲得歸屬感，覺得自己被需要、被認同，讓自己在團體中有一個位置。孩子覺得無助才會和爸爸媽媽說，這時他需要的是支持而不是批評。不要將問題歸咎於孩子（你就是不會和別人交朋友），讓孩子覺得沒辦法融入群體是他自己的錯。一來可能讓孩子感到沮喪而變得更孤單；二來孩子可能會壓抑自己，想盡辦法討好別人。這不都是我們所擔心的點嗎？請不要讓孩子覺得打不進團體圈是他的錯，而是幫孩子找到適合的朋友群，才能真正解決問題。

### 原則② 了解孩子的次文化

隨著孩子漸漸長大，開始出現不同的次文化，有點像是「通關密語」，如果你懂那就是同一國。這些與眾不同的次文化，像是：遊戲卡、線上電動、暢銷小說等，通常與課業學習無關，但往往是孩子之間的社交媒介。化解孩子的小團體，最簡單的方式就是把自己變成小團體的「大頭目」。爸爸媽媽要做的不是全然禁止，首要是了解孩子的想法，才能幫他篩選並給予建議。

### 原則③ 增加全班的向心力

小團體並不壞，但是若遇兩、三個小團體鬥來鬥去，就會造成很大的麻煩，搞到全班的氣氛變得很差，當然也會影響學習效率。這時安排班級之間的體育競賽，讓全班有共同的目標努力，增加班級的向心力，會有不錯的效果。如果太過強調班級內的競賽，又採用自由分組的形式進行，無形之間會讓小團體的連結變得更緊密，問題也就變得更難以解決。

孩子六歲之前，爸爸媽媽的角色比較像是教練，帶著孩子成長；七到十二歲之間，爸爸媽媽轉型當孩子的顧問，引導孩子如何思考、解決問題；十二歲之後，爸爸媽媽跟孩子的關係，更像是好夥伴，把孩子視為一個獨立的人，而不是家庭的附屬品。隨著孩子逐漸長大，請收起我們的指導，打開我們的耳朵，你愈是願意傾聽，愈是能了解孩子在想什麼，也就愈容易給予孩子適當的建議。

Part 2

# 專注力不足、遊戲來幫忙

專注力是一種高階的能力，需要許多基本能力的累積才能發展出來。

專注力跟許多大人想像的不一樣，坐在桌子前面，努力練習只能培養視覺專注力。若我們不斷抱怨孩子動作慢，或責怪孩子耳朵沒在聽，對孩子來說不是很冤枉嗎？

專注力不只有視覺，更包含：聽覺、動覺和情緒三方面，透過全方位練習，孩子不只要能靜更要能動，動靜能轉換，才能培養出真正的專注力。

要讓孩子專心，不是要求孩子乖乖坐好，也不是用糖果引誘，更不是拿起棍子威脅。指責孩子不專心，卻沒有找出正確的方式，只會讓孩子愈來愈排斥學習，最後變得毫無動機。

就讓我們抽絲剝繭，找出培養專注力的要素，引導孩子發展「關鍵二十」的能力，才能讓孩子學得會專心，更專心學習。

藉由爸爸媽媽的陪伴與鼓勵，透過小小的「視、聽、動、情緒」互動遊戲，讓孩子在毫無壓力下練習，反覆練習中熟練，自然而然地就能提升孩子專注力。大人的陪伴與引導，是孩子培養專注力最重要的關鍵。

Part 5

# 視覺專注力不足

視覺是一種強勢的感覺系統。人類的眼睛比我們想像的更為複雜也更為精緻，不僅僅是看清事物的視力，更包含了「視覺知覺」和「視覺追視」。必須要三者都良好，才能擁有良好的「視覺注意力」。

「視覺專注力」需要具備五個基礎能力，讓我們一起來認識，並且幫助孩子培養出這些能力吧！

41 行為 老是打翻杯

42 行為 找不到東西

46 行為 有人叫我嗎

47 行為 你說什麼呢

Part 6

# 聽覺專注力不足

聽覺是與生俱來就成熟的感覺，跟孩子的語言和認知發展極為有關。透過聽覺，小寶貝可以在出生後短短兩年內，學會一種語言。

隨著科技進步，生活中視覺資訊的接收管道愈來愈多元，無形中壓縮了聽覺的發展。爸爸媽媽你知道嗎？在國小階段，「聽覺注意力」良好與否，可是學習的最重要關鍵。

「聽覺專注力」需要具備五個基礎能力，這五個基礎能力是奠定孩子閱讀與識字的根基。

43 行為 常跳行漏字

44 行為 老是寫錯字

45 行為 好討厭抄寫

48 行為 注音老搞錯

49 行為 總是放空神遊

50 行為 就是開不了

behavior 行為

# 41

## 老是打翻杯 雙眼無法判斷深淺與距離

小佑是一個活潑又喜歡碰碰跳跳的小孩，平時總是將笑臉掛在臉上，在朋友中超級有人緣。可愛的小佑有兩個小行為，總讓媽媽感到很不解？到餐廳吃飯，常常會不小心打翻水杯，弄得一團亂；即使好好走路，還是會莫名其妙地撞到旁邊的東西。為何老是這麼不小心？是不是小佑的眼睛有問題呢？

＊＊＊

狗是人類的好朋友，如果有機會仔細觀察，你會發現狗的眼睛和人類有很大的不同。相對於人類的雙眼都是往前看，狗的眼睛比較像是一邊一個。狗的兩眼視野並沒有重疊，所以可以看得比人類寬廣。

為何人類的眼睛設計是要往前看呢？人類的雙眼視覺，雖然犧牲了視野的寬度，卻有另外一個好處，就是透過雙眼重疊視野的部分，讓我們可以更容易判斷「深淺」與「距離」，所以我們相較於狗狗擁有較好的「立體知覺」。

大腦藉由雙眼資訊的差異，轉換成為視覺深度，進而詮釋出物體的距離。這樣的能力，讓我們能立即判斷出跟物品的距離，讓我們可以一伸手就精確地拿到想要拿的東西。如果孩子的雙眼立體不佳，很自然地就容易因誤判而打翻東西、撞到物品，甚至是莫名其妙地跌倒。

## 無法精準拿到想要東西的可能原因

### 原因① 眼睛太好了

孩子沒有近視，但是有遠視，導致孩子對於近物看得很模糊，反倒遠的東西看得很清楚。遠視的孩子因遠方的東西看得清晰，爸爸媽媽不易察覺孩子的視覺異常，往往無法及時發現，導致雙眼立體的發展受到干擾。如果孩子常常走路莫名其妙摔倒，又沒有扁平足或內八字的問題，爸爸媽媽可能就要往是否有視力問題的方面聯想。

### 原因② 慣用眼與手

我們有慣用手，也有慣用眼。絕大多數的人，慣用手和慣用眼都在同一側，也就是慣用右手的人就慣用右眼。少部分的孩子慣用手和慣用眼不同側，導致他在拿取物品時，手部的動作遮蔽住輔助眼，大腦缺乏足夠的訊息來判斷深度，就會出現判斷錯距離，而發生打翻東西的情況。

### 原因③ 攀爬經驗缺乏

爬樹和爬攀爬架是我們共同的童年樂趣，這不是孩子頑皮的象徵，而是他正在嘗試用不同的角度觀察同一件物品。就像是我們在電腦看3D圖形，總是要操作滑鼠左轉右轉和上下移動。攀爬高處的孩子其實也是在做同樣的事情，只是不透過滑鼠而是移動身體到不同的位置。現在生活中，不要說爬樹，就連攀爬架也都在公園中消失，孩子唯一可以爬的就只剩下家裡的沙發，但是往往只要一爬上去，鐵定又被罵，相對地就缺乏類似練習經驗。

我們生活在3D的世界，而不是2D的平面。孩子憑藉著身體活動，與物品直接互動，從遊戲中學會認識這個立體世界。書本上學得再多，都侷限於2D的平面。若要改善容易打翻東西的小行為，請讓他在立體世界，多給他練習判斷與物體距離遠近的機會。

## 在家玩起來

### 小小沙包，各就各位！

❶ 準備三個紙箱、五雙要淘汰的襪子和一包白米。

❷ 將白米放進襪子裡大約五分滿，然後用縫線封口。用線將封口處多轉一到兩圈後，把襪子多餘的部分反摺，再用線縫一次，就變成自製沙包。

❸ 將三個紙箱分不同遠近放置，指定孩子投進特定的箱子裡。

帶著孩子一起做，孩子會更感興趣。提醒爸爸媽媽不要讓孩子拿隨手可得的玩具練習投準。隨手拿玩具就投籃，很容易讓孩子造成錯誤印象與記憶，日後孩子亂丟玩具時，是要歸因大人教的？還是孩子亂丟東西呢？

延伸遊戲

**光光老師專注力親子互動遊戲卡**
**遊戲 28「王牌投手」(3Y+)**

## 光光老師專注力小學堂

爸爸媽媽總是擔心孩子的眼睛有沒有近視，看電視一定要遠一點。絕大多數的孩子，因為眼球比較小，眼睛前後距離比較短，常會有遠視的情況。隨著年齡長大，眼球逐漸發育成熟後，眼球會愈來愈呈現圓形，視力自然而然會漸漸恢復正常。

基本上，八〇％的孩子遠視到五歲時，就會漸漸降到五十度以內。約有二〇％的孩子由於遠視度數較高，眼睛可能出現容易疲憊的情況，如果加上雙眼視差過大，甚至可能會有弱視問題。

如果孩子四歲以上，常常出現揉眼睛、流眼淚的情況，加上很容易莫名其妙地撞到或跌倒，請帶著孩子到兒童眼科做詳細檢查。

behavior 行為

# 42

## 在複雜背景中找不到指定物品

### 找不到東西

小瑜是一個開朗的小孩，平常總是笑臉迎人。就是有一點很奇怪，從小要找東西，一定都先叫媽媽。本來想說年紀還小，依賴性多一點，沒什麼大不了。但是當小瑜剛滿五歲後，還是一樣找不到，媽媽開始要他自己找，小瑜居然哭著說：「沒有啊，我都看不到。」究竟是孩子賴皮？還是真的看不到呢？令人傷腦筋啊！

＊＊＊

「背景區辨」是視知覺中一項重要的能力，可以讓人們在複雜的背景中，找出指定的物品。就像是在一個大玩具箱中，精準地找出一台小汽車。孩子必須要區辨哪些是背景，哪些是前景，才能完成這樣的工作。「背景區辨」需要擁有「雙眼立體」與「完形概念」。

「雙眼立體」可以判斷出物體的深度，區辨哪些物體是突出而不是融入背景，才能快速地找出物品。

「完形概念」是當物品部分被遮蔽時，大腦可以自動彌補缺失判斷物體的輪廓，快速察覺物體並且指認。

背景區辨能力不佳時，就會出現東西明明在前面，卻找不到物品的情況。這不是孩子愛賴皮，而是受到干擾才找不到東西。

## 找不到想要找的東西，可能的原因有三

原因① 幼兒期的移動

小嬰兒對於移動物品非常感興趣，十個月大會自行移動的他，正是發展視覺的重要時間。小嬰兒在移動身體時，視野會跟著移動，突然發現「背景」不會改變，但是「前景」會移動，就會更加地注視。透過幼兒早期的移動經驗，孩子可以察覺物體的存在。在幼兒期如果孩子常常待在家裡不動，背景區辨能力自然就會受到限制。

原因② 家裡過度乾淨

家裡的裝潢過度一致化，全部都是同樣的色調。就像是一張白紙，放在白色地板上，要判斷紙在哪裡是一件相對困難的事。如果家裡又打掃得非常乾淨，孩子練習尋找的經驗當然就更少，由於經驗刺激的缺乏，孩子在背景區辨時就會出現困擾。有時候家裡不用收得太乾淨，偶爾的小凌亂，孩子反而有更多的練習機會。

原因③ 完形概念不佳

很多找不到東西的孩子，明明東西就在眼前，只是被衣服蓋住一小部分，卻怎麼樣也看不出來是同一個物品。不是孩子的眼睛有問題，而是大腦無法自動化彌補物體不完整處導致無法判斷。一直要等到拿掉衣服後才會恍然大悟，原來藏在衣服下的物品就是我要找的東西。躲貓貓是練習完形概念最好的遊戲，只要看到身體的一小部分，就可以找到人躲在哪裡。

最有趣的背景區辨遊戲，就是走進大自然中，帶著孩子一起找昆蟲、撈蝦子。請趁著孩子年紀小，正喜歡動物的時候，帶著孩子去動物園玩「動物躲貓貓」遊戲。

不是孩子變得賴皮，而是孩子現在的世界，已經變得和我們小時候不一樣，如果還是想要用過去成長的經驗帶孩子，要改變的可能不是孩子，而是我們的想法。

## 在家玩起來

### 玩具藏寶箱

❶準備一個大箱子、一包小彈珠、小樂高積木，以及十幾個小玩具。先用手機將小玩具一個一個拍照。
❷和孩子一起將所有的東西放進去大箱子裡面，再隨意地混合一下。
❸請孩子找出照片裡的小玩具，比比看誰最快找到。

市面上有許多練習背景區辨的遊戲書，像是：《威利在哪裡》、I Spy等，都是非常好的練習。有空可以拿來跟孩子一起玩，幫孩子在家裡多做練習。

延伸遊戲
**光光老師專注力親子互動遊戲卡**
**遊戲25「動物照鏡子」(3Y+)**

## 光光老師專注力小學堂

老是找不到東西，還有可能是下列兩種原因，這兩個原因的成因都是相同的，那就是「媽媽人太好」。

第一種是「過度依賴」：想要什麼都不用說，只要用心電感應媽媽就會幫孩子找到，孩子當然不用練習自己找。當孩子四歲以後，已經具備基本的自我照顧能力，媽媽要學著放手，給孩子自己練習的機會。不然等到七歲以後，孩子已經養成依賴個性，就很難再調整。

第二種是「擁有太多」：爸爸媽媽買給孩子太多的東西，超過孩子可以自理的程度，導致環境過度複雜，即便是大人找也要花上五、六分鐘，孩子當然就更不願意自己找。有時不是孩子不配合，而是我們給予的太多。先準備三個箱子，帶著孩子一起整理，將物品分成三種：每天用、偶爾用、都不用，東西變少了，找起來自然就不會那麼費力。

behavior 行為
# 43

## 常跳行漏字
# 眼球追視力不足

小金是一個聰明的小孩，平常最喜歡聽大人說話，常常隨口就能說出令人訝異的話語。明明沒有人教他，但是他都可以自己偷偷學，超級厲害的啦！原本大家都覺得小金上小學鐵定可以表現良好，沒想到小金卻出現適應不良的情況。平常小考都還好，但是只要一遇到大考，就常常粗心大意漏寫題目，有一次甚至漏寫一整面。帶著小金訂正，全部題目他都會作答，這樣的情況把爸爸搞得一個頭兩個大，究竟是哪裡出了問題呢？

＊＊＊

彎曲手臂時，只需要作用到單純的兩條肌肉，一個負責彎曲，另一個負責伸直，就可以完成協調動作；運用眼球時，需要的就不只是上下左右四條肌肉，還要加上兩條負責左右旋轉的肌肉。

眼睛要靈巧運作，大腦必須同時控制六條肌肉的協調度，不然就會導致跳字漏行。在大量閱讀時，若無法控制好這六條肌肉，很容易因為疲憊出現粗心大意的情況。

我們在看東西時有兩個動作系統，一是看人的「凝視」，也就是將眼球固定，視線看著前方的某一物體，接著頭部可以隨意上下左右做轉動，但視線中的物體依然保持穩定不動；另一是看球的「追視」，也就是頭部不動轉動眼球來看物品。

眼球追視若不夠靈活，幼兒園階段基本上不會有太大的問題，這時大多是凝視活動。進入到國小需要閱讀時，眼球追視的問題才會漸漸出來。眼球動作不協調，導致一定要自己「固定」頭才能穩定地看書，這時就會出現趴著或撐著頭的情況。

## 眼球追視不佳產生的可能原因

原因①　慣用眼未固定

孩子慣用眼沒有建立，兩隻眼睛不會彼此合作反而是相互搶奪。在橫式閱讀時，會因為雙眼之間的協調不佳出現眼球晃動，使得閱讀時產生跳字漏行的情況，當然也就容易粗心不喜歡閱讀。

原因②　球類經驗缺乏

缺乏經驗才是最常見的原因。過去孩子的活動中，小皮球是最喜歡的活動之一。只要帶一顆球出門，就可以玩上一整天。想想看以前，你是先學會丟接球，還是先學會閱讀。鐵定是先丟接球不是嗎？透過球類遊戲，幫助孩子發展出良好的眼球追視，才能有效率的閱讀喔！現在孩子不要說玩球，只要拿起球，大人的神經就馬上緊張起來，生怕下一秒就有東西會被打破，甚至因為打破東西而受傷。孩子練習的機會愈來愈少，學習的時間卻愈來愈提前，產生的問題當然也就愈來愈多。

## 原因③ 太長使用3C

從視野功能來看，人類的視野可以分成「中央」和「周邊」兩種。前者負責區辨物品，特點是速度慢、較精細、以靜態為主；後者負責察覺物品，特點是速度快、較粗略、以動態為主。如果要促進周邊視野，就必須增加打球、接球等動態活動。但是在打電動、看3C時，過度刺激視覺的畫面，卻教導孩子用中央視野來看快速移動，當然愈打電動眼球動作就愈弱。我們讓孩子的大腦混淆了，用中央看動態，用周邊看靜態，眼球動作跟著一團亂。

**回** 想小時候，孩子最好玩的玩具就是小皮球。透過玩球、玩紙飛機、撈蝌蚪等遊戲，自然而然發展出眼球動作。不知不覺中這些活動被爸爸媽媽的手機取代，孩子不再玩球，缺少練習眼睛動作的機會，當然容易粗心大意。幫孩子不是責備孩子，而是引導孩子走向正確的方向，讓我們跟孩子一起來練習吧！

## 在家玩起來

### 接住反彈球

❶準備一個六吋或八吋的小皮球。

❷在一個牆壁上，用紙膠帶貼上三十公分乘以三十公分的方框。

❸請孩子站在距離牆壁約一百二十公分處，試試看可不可以準確丟到方框裡。爸爸媽媽可以適度調整孩子與牆壁之間的距離。

❹鼓勵孩子丟牆反彈，到地板彈一下，再接起來。讓孩子多多練習，看看可不可以連續做三十次。

接球動作的發展，兩歲時多以胸口擋球之後再抱球；三歲時以前臂來抱球；四歲後才會用手掌接住球。接反彈球建議在五歲之後，才可以開始練習。爸爸媽媽不要操之過急，一定要按照孩子的階段發展年齡來練習。

延伸遊戲

**光光老師專注力親子互動遊戲卡**
**遊戲04「旋轉馬車嘩啦啦」(4M+)**

## 光光老師專注力小學堂

眼球動作不佳並不是斜視。斜視是指兩隻眼睛的視軸，不能同時放在同一個物品上，導致外觀上看起來兩眼位置不對稱。分為內斜視和外斜視兩種，前者就像是鬥雞眼，後者就像脫窗。

小嬰兒剛出生時，因為肌肉骨骼都還在發展中，連脖子都軟綿綿。負責控制眼睛的肌肉群也是如此，如果出現暫時性斜視，爸爸媽媽不用過度擔心，會隨著年齡成長慢慢改善。如果孩子是天生性的斜視(一直都是)，則可能是因為眼球肌肉過短，限制了眼球動作的幅度，建議接受專業眼科醫生評估，看看是否需要手術來協助矯正。如果需要手術，建議六歲以前開刀，效果會比較好。

behavior 行為

# 44

# 老是寫錯字 不易分辨物品細微差異

小動是一個善良的孩子，做事都很溫和，也很有禮貌，給人一種很溫暖的感覺。這孩子有件事特別讓媽媽傷腦筋，就是小動總是記不住國字字形，明明昨天才學過的新字，今天就又忘光光。每次提醒他寫錯字，他怎麼樣也看不出來兩個字之間的差異。老師和媽媽用盡各種教學方式，他就是學不會。究竟是眼睛有問題？還是腦子有問題？

＊＊＊

「視覺區辨」是指眼睛可以分辨物品細微的差異，像是角度、大小、長短等，讓大腦可以快速察覺，並且做出適當的反應。這對於孩子在辨識物品、察覺環境和識字學習上，都扮演非常重要的角色。

視覺區辨有問題的孩子，碰到相近字時，像是「未末」「千干」「士土」「田由」，明明是兩個字義完全不一樣的生字，孩子看了老半天，就是分不出來其中的差異，當然也就容易搞混。

單體為文，合體為字。如果連簡單的文都難以區辨差異，等到學生難字時，更容易因為不會判斷部首差異而顯混淆。在認字上形成困擾，長久下來可能就會表現出抗拒學習。

視覺區辨不佳的原因，最有可能的就是視力問題，像是弱視、閃光都會影響孩子視覺區辨的發展，這屬於生理上的限制。

## 視覺區辨不佳，環境刺激可能不足

### 原因① 幼兒缺乏塗鴉經驗

塗鴉是孩子與生俱來的能力，小小孩只要一拿到筆，就會不由自主地想要畫畫，這就是最好的視覺區辨練習。孩子透過色塊、線條的組合，創造出一幅又一幅的圖案。只不過他們常常一開始想要畫狗，最後卻畫成長頸鹿。藉由反覆塗鴉過程，孩子不僅熟練如何使用畫具，更重要的是培養出對於線條、角度、形狀的概念，這些也是視覺區辨的基本元素。

### 原因② 交叉概念不佳

當孩子四歲時，開始會畫「X」（線條交叉）之後，正式進入學習寫字階段。線條交叉，就是一條線可以穿越過另一條線的能力。四歲以前的孩子常常會將「X」畫成四個線段，這是發展尚未成熟，爸爸媽媽不用特別擔心。在還無法畫「X」前，不建議教導孩子學寫字，倘若孩子用硬記的方式學習，導致日後學習策略錯誤，等到國小四年級時，教導更難的生字，一個筆順隨便就超過十二、十三劃時，成績就容易一落千丈。如果要促進交叉概念的成熟，最好的方式就是串珠珠，透過用線穿過珠子的過程，讓孩子了解「穿過」的概念。

### 原因③ 角度判斷不佳

中文字除了直線、橫線之外，還有許多斜線，差一點點角度就會差很多意義。要教小孩了解三十度、四十五度、六十度、九十度、一百二十度的差異，基本上根本就是不可能的任務。爸爸媽媽不用太擔心，歷久不衰的益智遊戲——七巧板，就是最好的角度判斷練習遊戲。帶著孩子玩七巧板，可增加孩子對於角度判斷的敏感度，孩子自然就能分辨角度細微的差異，幫認字打好基礎。

塗鴉對孩子而言，擁有無比強大的樂趣；筆對於孩子而言，就如同是哈利波特的魔法杖，擁有創造的魔力。孩子需要的是我們給予適當環境，鼓勵他創造與練習，而不是一味地指正與批評。透過塗鴉、線條和建構的過程，孩子自然地發展視覺區辨能力，就能為日後學習奠定基礎。

塗鴉不是孩子在浪費時間，而是在為未來做好準備。對孩子有足夠了解的大人，不會處處限制孩子，才能陪伴孩子快樂的成長。

## 在家玩起來

### 我是小偵探

❶ 準備一台可拍照的平板（手機），準備十個小物品。
❷ 將物品隨意地放在客廳裡，有的放在茶几、有的放在沙發，然後逐一拍照記錄。拍完照後隨意拿走其中五項，就已完成遊戲的準備階段。
❸ 請孩子當小偵探，幫他帶上帽子、拿著放大鏡，給孩子剛剛拍好的照片。仔細看看，究竟小偷移動了哪些東西呢？

在市面上有許多「找不同」的遊戲書，仔細地觀察和比較，兩張圖案中細節的差異，對於孩子也是很好的視覺區辨練習喔！

**延伸遊戲**

**光光老師專注力親子互動遊戲卡**
**遊戲 36「抽出大贏家」（4Y+）**

## 光光老師專注力小學堂

識字是一種非常複雜的大腦歷程，不僅需要視覺，還要配上聽覺與動覺，孩子才能有效率的記住國字。孩子的識字學習，爸爸媽媽要幫他培養下列兩種能力：

第一種「音韻分析」：認字除了分辨字形之外，還要結合音韻的記憶。如果孩子在拼音上有困難，無法分辨同音異字，常會寫出別字，例如：「工作」寫成「工做」、「公司」寫成「工司」。

第二種「順序概念」：寫字時一是要分辨字形，二是要記憶筆順。孩子如果寫字筆順錯誤，出現少一筆或漏一劃，常就會寫錯字，像是「未來」寫成「木來」、「小犬」寫成「小大」。

behavior 行為

# 45

## 好討厭抄寫

# 手眼協調不佳

小奕是一個好強的小孩，只要碰到比賽，馬上就能激起他的好勝心，什麼事情都想要跟別人爭第一，比看看誰最快。只有一件事——抄聯絡簿，他就是寧可慢慢來。明明其他小朋友一下子就抄完，他總是到第二堂課都還沒寫完，老是拖拖拉拉的。每天老師都要一直提醒，媽媽也耳提面命，小奕口頭上雖說好，還是常常只抄一半。明明寫字就很快的他，為什麼就是不肯乖乖抄聯絡簿呢？

＊＊＊

孩子只要寫字快，抄聯絡簿就一定快嗎？這是我們大人錯誤的誤解，「近端抄寫」與

「遠端抄寫」是不同的能力。

如果是抄寫同學已經寫好的，兩本都放桌面上（同一平面），就是「近端抄寫」；如果聯絡簿放在桌上，要抄黑板上的字（不同平面），就算是「遠端抄寫」。兩者最大的差異，就是「遠端抄寫」時，頭部必須不停轉動，在視覺需求上較為複雜。

對於手眼協調不佳的孩子，若遠端抄寫能力弱，可能會常出現漏寫的困擾，有時甚至會搞不清楚自己寫到哪裡，當然也就不願意抄寫了。這時如果只是用責備的，往往會讓孩子感到挫折，反而更不願意配合，導致問題變得愈來愈嚴重，甚至出現情緒問題。

## 遠端抄寫不佳，三個可能的原因

原因① 眼球策略轉換

眼球動作有兩種，分別是「凝視」與「追視」。抄聯絡簿需要這兩種策略快速轉換，在看黑板閱讀文字，需要「追視」；從黑板轉換到紙本上時，需要「凝視」；接者寫下文字時，又需要「追視」……就是如此反覆地轉換才能將聯絡簿抄完。如果孩子在策略轉化有困難，往往會導致抄寫速度過慢。這時可以讓孩子多玩往上拋接球的遊戲，讓孩子在遊戲中熟悉眼球策略轉換，抄寫的速度也就會變得比較快。

### 原因② 手眼協調不佳

孩子的手和眼睛，彼此之間若不能相互配合，當孩子抬頭時，放在桌上拿筆的手，就會不自主地移動一下。結果每寫一個字，就要重新移動筆到正確的位置上，來來回回之下寫字速度也就變慢，甚至覺得麻煩而不想要寫字。手眼協調在四歲開始發展，大約在七到九歲間成熟，不論是玩飛盤、打羽球、打棒球，都是很好的練習。趁著週末時間多帶孩子到戶外玩一玩，幫孩子的手眼協調打好基礎。

### 原因③ 抄寫策略錯誤

在抄寫時，應該是以字為單位，而不是符號為單位，才能提高抄寫效率。一來是先念出拼音，然後再寫，這樣才不會抄了老半天，還搞不清楚自己抄到哪裡；再來是可以減少抬頭低頭的次數，降低失誤的頻率。想想看，如果孩子寫「ㄍㄨㄛˊ」要抬個四次頭才能抄完，相對地出錯機率就會提高，抄聯絡簿的速度又怎能加快呢？這時就要帶著孩子，一邊大聲念、一邊抄寫，漸漸改變孩子的抄寫習慣。當孩子拼音變得熟練，抄寫速度自然就會變快。如果只是一味要求孩子按照符號一個一個認真抄，那反而是讓孩子愈搞不清楚自己在做什麼了。

了解孩子的需求，永遠是協助孩子的第一步。很多時候，不是孩子耍脾氣，而是我們對他的行為知道得太少，才會無法幫助孩子解決困難。孩子都想獲得讚美，也願意表現最好的那一面，只是有時候面對的挫折，超過他自己能解決的範圍，才會出現抗拒的情緒。

幫助孩子找到問題，教導他適當的方式，當孩子覺得有用，自然就會乖乖地配合。請記得讓孩子聽話最好的方式，就是幫孩子獲得成功，而不是比看誰比較凶。

## 在家玩起來

### 彩虹密碼

❶ 準備一個畫板、一張小桌子、一張A4紙、一本練習簿、四種顏色的「點點貼紙」和一隻碼表。

❷ 爸爸媽媽先用點點貼紙，在A4紙上貼上五列，每一列需要貼上12個點，相隔的貼紙顏色盡量不要一樣。準備好之後，再把A4紙黏在畫架上。

❸ 將四種顏色的「點點貼紙」交給孩子，讓孩子按照顏色把貼紙貼在有格子的練習簿上。爸爸媽媽可以一起比賽，看誰的動作比較快、貼得比較正確。

❹ 用碼表計時，錯一個需要加五秒，秒數最少的就是贏家。

如果孩子的速度很慢，可以教導孩子「四個一數」的方式，例如:「紅黃綠藍」，這樣速度就會明顯變快，也比較不會出錯。如果孩子依然無法完成，建議改放在桌上，讓孩子先熟練幾次，再試試看貼在畫架上練習。

延伸遊戲

**光光老師專注力親子互動遊戲卡**
**遊戲20「撕畫大創作」(2Y+)**

## 光光老師專注力小學堂

提醒爸爸媽媽，當孩子不願意抄聯絡簿時，首先要區辨的是，如果換成近端抄寫，孩子可不可以做到。如果孩子連近端抄寫都有困難時，問題可能就出在書寫效率。

爸爸媽媽先觀察孩子的握筆姿勢是否正確，如果孩子的拇指肌肉力量不足，採「夾住」筆桿的方式寫字，比較容易感到疲憊。適時地用握筆器或粗鉛筆輔助，都可以協助孩子讓寫字變得輕鬆。還可以幫孩子準備剪刀，讓孩子練習剪厚紙板，增加拇指肌肉耐力。

幫孩子訂出努力的先後順序，一次先努力一件，自然就會漸漸地配合了。

behavior 行為

# 46

## 有人叫我嗎 覺察聲音來源能力弱

小惠是一個很乖巧的小孩，平常貼心做事細心。唯獨有個小小缺點，讓媽媽傷透腦筋。就是媽媽叫他，小惠總是沒聽到，叫上好幾十次還是一點反應也沒有。常常搞到媽媽暴跳如雷大吼，小惠才會很無辜的說：「剛剛你在叫我嗎？」日常上明明一點小聲音都聽得很清楚，為何叫他就是聽不到？是不是小惠故意不聽話呢？

＊＊＊

我們的耳朵除了聽聲音之外，還有一個非常重要的功能就是「聽覺定位」——覺察辨識聲音來源。我們有兩個耳朵，雙耳聽到相同聲音時，大腦會分析兩者之間細微的差異（時間、強弱），區辨聲音的來源後，才會啟動我們的專注力，仔細地去聽聲音裡面的內容，並且將聲音轉換成語言的意義。

聽覺定位比較弱的孩子，往往不是不聽話，而是對聲音的覺察太慢。花了老半天才分辨出聲音的來源，不管他注意聽的時間長短，聽話往往都只聽到後半段，常被誤解為故意不配合的假象。其實孩子只是聽覺定位比較弱，而不是蓄意不聽話。

## 不是不聽話，而是覺察能力弱

### 原因① 聽力受損

如果一側的耳朵聽力較弱，導致大腦無法透過聲量大小差異分辨出聲音來源，孩子將會出現無法準確判斷聲音來自哪個方向。爸爸媽媽如果擔心孩子的聽力，建議帶孩子至耳鼻喉科幫他安排聽力檢查。

### 原因② 環境吵雜

生活的環境若較為吵雜，孩子又無法過濾環境的背景聲音，將導致他判斷聲音時備受干擾。現在人回到家的第一個動作常常是開電視，明明沒有看，卻一直放聲音，這對孩子來說就是一種干擾。

### 原因③ 經驗缺乏

爸爸媽媽回想小時候的成長經驗，抓蟬、抓青蛙依賴的不是眼睛而是耳朵。與大自然互動要先靜下心仔細地聽，找到聲音來源之後，再用心地用眼睛找。現在的孩子，缺乏的就是這樣的經驗，建議爸爸媽媽透過遊戲，給予孩子類似的練習機會，無形中就能增進判斷聽定位與聆聽的能力。

環境與生活的改變，聽覺定位的練習，漸漸從孩子的生活中消失，但是這個能力的需求依然存在。

聽覺定位不好，在家裡並不會有太大的困擾，畢竟家裡多數是一對一的說話，只要能找到媽媽就好，頂多就是反應慢半拍；在學校遇到團體討論時，大家你一言我一句，問題就會變得很頭大。孩子常會因為搞不懂到底是誰在說話，而出現大腦混淆，當然也就無法參與討論，甚至顯得沉默寡言，而影響在校表現。

不是孩子叫不聽，也不是慢半拍，而是孩子練習的機會少。讓我們一起帶著孩子練習，很快地孩子就會變得很聽話了。

## 在家玩起來

### 找出小青蛙

❶準備兩支手機，將鈴聲改成蛙鳴聲。

❷先請孩子將眼睛閉起來，悄悄地把手機藏起來，不要讓孩子看見藏在什麼地方。

❸打電話給被藏起來的手機，請孩子仔細聽，將「小青蛙」找出來。

孩子比較容易分辨高音頻的聲音來源。如果孩子一直找不到，可以先將鈴聲改成「鈴鐺」「鳥叫」的聲音，這樣孩子會比較容易成功。

延伸遊戲

**光光老師專注力親子互動遊戲卡**
**遊戲 03「聽聽在哪裡」（4M+）**

## 光光老師專注力小學堂

叫了孩子老半天，孩子卻一直沒有反應還有兩種可能性。

第一種是「孩子覺得叫他總沒好事」。孩子一聽到你叫他，大腦會直接把聲音過濾掉，當然也就不可能聽到啦！請記得不要每次叫孩子都是責備，適當給予一些讚美或獎勵，讓孩子連結呼喚他也是一種獎勵。當孩子不小心錯過幾次肯定的獎勵後，自然就會打開耳朵認真聽你喊他了。

另一種是「孩子過度專注工作」。當孩子專注於一件事，大腦會全神貫注思考與執行，暫時聽不到外在聲音。如果是這樣的情況，爸爸媽媽應該要覺得開心，因為孩子的專注力很好。這時要調整的反而是大人的心態，不是不停地抱怨孩子不配合，而是我們要給孩子再多一點耐心。

behavior 行為

47

## 你說什麼呢

# 無法將聽到的資訊記憶下來

小達是一個活潑的小男孩，非常喜歡發表意見，整天一直說話講個不停。愛講話的他，有一個小行為讓媽媽擔心不已。小達明明很會講話，但是媽媽和他說話時，同一句話一定要說上兩、三遍，小達好像才能搞懂語意。常常和他說完，他不是說「蛤——」，就是「剛剛說什麼？」真是讓爸爸媽媽傷透腦筋，為何不能一次就聽清楚，是不是別人講話時他都沒有專心在聽呢？

＊＊＊

「聽覺記憶」就是將耳朵聽到的資訊記憶下來的能力。例如：在路上巧遇久別不見的同學，即將告別時互相留下電話，當對方說出一長串數字時，雖然很陌生但可以立即覆誦一遍，找到紙筆後書寫下來。這種可以立即覆誦的能力，就是「聽覺記憶」。可以記得多少數列的長度，則是「聽覺記憶廣度」。

聽覺記憶廣度如果不足，孩子一次只能記住七個字，當爸爸媽媽一句話說了十二個字時，就會出現「缺字」的問題。只說一遍孩子當然聽不懂，要重複說兩、三次，孩子才有辦法在大腦裡拼拼湊湊出一句話。當孩子常常會說「蛤——」時，是因為他真的沒聽完整而不是分心，這是聽覺記憶廣度不足的表現。

## 聽覺記憶不佳的可能原因

原因①　過多視覺刺激

透過眼睛看，回想腦海中浮現的景象，是「視覺記憶」；透過耳朵聽，回憶腦海中響起的聲音，是「聽覺記憶」。隨著科技、3C產品的發達與流行，在Facebook只上傳照片已不夠，要分享影片才能吸睛。導致現在孩子過度依賴視覺記憶，對於聽覺記憶的練習大量減少。

## 原因②　孩子太少唱歌

聽到一個旋律即便對歌詞不熟悉，我們還是可以哼出曲調，就是因為旋律可以幫助記憶。當人們在說話時，需要詞彙和語調兩種能力結合，才能正確表達涵義。唱歌就是訓練對於語調的感受度，帶著孩子多多唱歌，先記得歌曲的旋律後，再反覆練習，就會愈記愈多，聽覺記憶廣度也就漸漸地被延長。

## 原因③　詞彙量比較少

孩子詞彙量的多寡，也會影響到聽覺覆誦廣度的表現。就像是如果要求你覆誦一段日語，絕對比讓你覆誦國語來得困難許多。孩子也是一樣的，如果詞彙量不足，也會增加覆誦上的困難度。多帶著孩子一起念故事、讀繪本，幫助孩子增加詞彙量，也能增強孩子在聽覺記憶上的表現。

視覺是一種強勢感覺，大腦在處理視覺訊息時需要耗費大量能量。我們把手機給孩子玩時，無意間給孩子過多的視覺刺激，當大腦的運作都給了視覺訊息，當然就抑制聽覺訊息的處理效率。不要把手機當作孩子保母的同時，又怪孩子耳朵不聽話。

## 在家玩起來

### 我是接線生

❶ 寫一串數字字卡，先從四位數開始，漸漸增加到九位數。

❷ 抽出字卡念出字卡上的數字，例如：6012，要求孩子跟著念。

❸ 孩子四位數都正確百分百後，再增加為五位數，要練習到可以正確說出九個數字的字串為止。

❹ 鼓勵孩子覆誦電話號碼或車牌號碼，也有相同的練習效果。

當孩子可以完成數字覆誦後，我們就可以開始練習短句覆誦。例如：我最喜歡的顏色是紅色、黃色、藍色，然後要求孩子立即覆誦出一模一樣的句子。爸爸媽媽可以準備一本孩子喜歡的故事書，爸爸媽媽先讀一句，孩子跟著念一句，也是相當不錯的練習。

延伸遊戲

**光光老師專注力親子互動遊戲卡**
**遊戲 45「樂隊演奏家」(5Y+)**

## 光光老師專注力小學堂

聽覺記憶比較弱的孩子，爸爸媽媽和他說話時，一定要讓孩子看到你的嘴巴。透過「看到」嘴巴動的次數，孩子覺察自己有沒有漏字，才能更容易聽懂你在說什麼。有時孩子聽不懂，或許還有下列兩種可能性：

第一種是「孩子聽不清」。如果孩子在「音韻覺察」出問題，當大人說話比較快時，會覺得有兩、三個字，擠在一起跑進耳朵裡，害他聽成另外一個字。音韻分析不佳的孩子，特別容易把「不要」聽成「要」，導致搞不清楚狀況。

第二種是「孩子聽不懂」。如果孩子在「聽覺理解」出問題時，可能就會出現明明有聽到，但是搞不懂句子裡的意義。聽覺理解不佳的孩子，可以百分之百的覆誦一遍，卻不懂句子的涵義。

behavior 行為 48

# 注音老搞錯 音韻覺察不佳

小晞是一個很聰明的小孩，才大班就已經認得很多國字，辨識路上招牌難不倒他。好奇怪啊！ㄅㄆㄇ教了好久，小晞怎麼也學不好，拼音更是二三聲分不清。明明就已經會寫比較難的國字，怎麼相對簡單的ㄅㄆㄇ反而搞不懂呢？是小晞不配合，還是哪裡卡住了？

＊＊＊

耳朵在人體感官中，負責扮演區辨的角色，分辨出聲音之間的差異性，這個能力稱為「音韻覺察」。學習語言時，嬰兒的大腦會自動地將聽到的語音加以統計、區辨與歸納，找出語音中最小單位——音素。就像是聽到「家」和「甲」，聽起來有點相似卻又不太一樣。孩子可以找出兩者之間的差異，並且分析出ㄐ、ㄧ、ㄚ三個語音的元素，透過反覆聽話與說話的過程，漸漸修正自己的咬字發音。小寶貝們最後會歸納出三十七個音素，也就是我們拼音時的ㄅㄆㄇ。

音韻覺察比較弱的孩子，常常會出現「過度歸納」的問題。把ㄗ和ㄓ、ㄙ和ㄕ、ㄋ和ㄌ等相近音誤認為是同一個聲音，導致在拼音時出現混淆。在臨床上也觀察過有孩子將ㄣ、ㄢ、ㄤ三個母音混淆，連帶影響對識字的學習。

## 孩子音韻覺察不佳的原因

### 原因① 多重語言環境

圍繞身邊的語言種類愈多，大腦需要歸納出來的音素也跟著變多，在運用音素上就會增加難度。國語要記三十七個注音符號，英文要學二十六個字母，若再加上日語五十音，需要記憶的音素實在太多，已超過孩子能記憶的範圍。要拼出聲音也就愈顯困難，你覺得在這樣的情況下，孩子說話會比較快，還是比較慢呢？要孩子同時學習三種以上的語言，可能會導致孩子比較慢才開始說話。

### 原因② 發音咬字不佳

孩子發音咬字不佳，跟照顧者是否有嚴重的台灣國語有關。如果孩子長時間「聽到」和「說出」的音不一致，會使大腦誤以為兩者是相同的，導致音韻覺察出現困擾。爸爸媽媽不用太擔心，兩歲多的小小孩，說話總是會有一點童音，不用刻意矯正到字正腔圓。但在四歲半後，如果孩子還是說話不清楚，就一定要到醫院，尋求語言治療的協助。

### 原因③ 符號系統混淆

學習拼音時，孩子必須要記憶每個抽象符號對應的指定聲音。ㄅㄆㄇ和ＡＢＣ一定要錯開學習，如果同一個時間一起教，ㄨ和ㄚ這兩個符號，對應注音符號與英文字母上的發音是不同，很可能會讓孩子出現混淆的情況。臨床上常看到孩子將ㄚ念成歪，不是孩子腦筋不靈光，而是把中文跟英文搞在一起，表現出來就是學習效率差。

記得小學一年級的課文嗎？

天亮了我起來了，太陽也起來了。
我起得早，太陽也起得早。
我天天早起，太陽也天天早起。

在一年級的教室裡，最常聽到的聲音，就是那稚嫩又可愛的讀書聲。孩子透過大聲朗讀的過程，將嘴巴和耳朵建立一個緊密的連結，進而發展出音韻覺察的能力。現在孩子在學校裡，需要學習的科目愈來愈多，朗讀時間卻愈來愈少了。有機會請多帶著孩子一起大聲朗讀，就是最好的發音練習。

## 在家玩起來

### 唱出好音韻

❶《伊比呀呀》，訓練孩子的嘴形變化，增加韻母發音的準確度。

伊比呀呀　伊比伊比呀　伊比呀呀　伊比伊比呀

伊比呀呀　伊比伊比呀　伊比呀呀　伊比伊比呀

❷《爆米花》，訓練孩子的嘴形變化，ㄅㄆ和ㄇㄏ發音區辨能力。

嗶嗶啵啵嗶啵啵　嗶嗶啵啵嗶啵啵　爆米花　爆米花

一顆玉米一朵花　二顆玉米二朵花　很多玉米很多花　有一顆玉米不開花

問一問它　為什麼你呀不開花……

並不是拿著課本才叫做學習。在我們與孩子哼哼唱唱童謠中，不只是在遊戲，更是培養孩子的音韻覺察能力。

延伸遊戲

**光光老師專注力親子互動遊戲卡**
**遊戲10「請你跟我這樣說」(10M+)**

## 光光老師專注力小學堂

有些自閉症的孩子擁有與眾不同的天賦——絕對音感。只要聽到別人彈一次樂曲，就可以馬上記憶下來，並且彈出一樣的旋律，甚至連一個音符也不會錯。有沒有覺得很奇怪，既然有絕對音感，為何他都不說話呢？

自閉症的孩子，在語言學習的階段，將語音的音素切割得太細，就連兩個人說同樣的聲音，也當作不一樣。就像台灣國語腔調，雖然發音不甚清楚，一般人依然聽得懂，自閉症的孩子卻完全不能理解。由於大腦將音素歸納得過細，出現分類與組織的困擾，他們在語言學習上變得比較困難。

behavior 行為

# 49

## 總是放空神遊

# 無法將聽到的聲音轉換成可以理解的語言

麥克是雙胞胎中的弟弟，和哥哥兩個人出生的時間差不到十分鐘，個性卻完全不同。相對於哥哥的活潑機靈，他則是溫柔文靜。兩兄弟的互動，常常是大人說一句話，哥哥馬上搶答，麥克默默跟著做，爸爸媽媽也不覺得哪裡有問題。最近學校老師總反應：「麥克在學校裡常發呆。」媽媽才警覺，麥克是不是哪裡怪怪的？回到家，媽媽問問題刻意不讓哥哥先回答，才發現麥克完全沒反應，究竟是太依賴哥哥，還是哪裡不對勁呢？

***

當耳朵聽到一連串的字，透過聽覺神經傳遞至大腦後，聽覺中樞會將這些如同電報密碼的訊息，轉譯成可以理解的語言，這個過程稱為「聽覺理解」。值得注意的是能覆誦句子，不代表可以理解句子，因為這兩個是完全不同的功能。就像是當你聽到一句英文，雖然可以跟著覆誦正確，卻不一定能理解其中的意思。

聽覺理解佳的孩子，對於指令的配合度比較高，也能立即給予回饋；聽覺理解弱的孩子，往往不是不聽話而是聽不懂，常常會一直看別人，直到別人開始動作後，才能理解你在說什麼。幼兒園階段，老師會有大量示範，所以不會有問題。進入國小以後，在教室裡聽不懂老師說的內容，常常出現放空發呆的情況，學習障礙就會慢慢浮現。

## 聽覺理解不佳的原因

### 原因① 音韻覺察不佳

聽覺理解較弱，並不是所謂的聽力受損（重聽），而是音素辨識能力較弱。因為無法清楚分辨音素（例如：ㄐ、ㄑ、ㄒ），導致無法迅速地對於語句做出反應。往往聽老師說一句話時，會漏聽其中的一、兩個字，或是無法分辨音很相似的字詞，而誤解老師的意思。多多練習念有押韻的文章，就能提升孩子的音韻覺察能力。

## 原因② 太常用娃娃語

四歲以後孩子正在大量學習詞彙，常常會蹦出一些新詞彙，這時爸爸媽媽要盡量減少使用娃娃語。就像是下雨天，前面有一灘水，你可以說：「不要踩小水窪」，而不是「不要踩水水」，孩子聽覺理解不佳，最常見的原因就是詞彙量不足，若一直使用娃娃語，孩子很難學習到新的詞彙。在日常生活中，多和孩子說話，多讓孩子問問題，透過觀察生活中的事物，就是在豐富孩子的詞彙量。

## 原因③ 文法結構不佳

雖然我們沒有覺察，但是語言必須依照文法結構才能傳達意思。就像是「你把香蕉拿給我」，如果說成「香蕉把你拿給我」，雖然可以聽得懂，但是就是很奇怪。如果說成「你香蕉我拿」，鐵定讓人感到一頭霧水。明明是同樣一組字，順序顛倒了，意思就完全不一樣。又如果同時學習多種語言，會因為文法結構的差異性而有所不同，若差異過大，語意理解上就有可能出現困擾。

**進**一步追蹤研究發現，如果孩子的聽覺理解比較弱，進入國小後有閱讀理解困擾的比例會明顯較高，爸爸媽媽一定要多多注意。

對於語言的理解能力，需要經由反覆提出疑問並且獲得解答，在一來一往中逐漸地累積。孩子在四、五歲時，常常會不停地問為什麼。不是孩子在搗蛋、找麻煩，而是他正在練習理解力。爸爸媽媽要多點耐心，不用急著回答孩子，而是引導孩子透過書本一起找出答案，就是給孩子最好的練習。

## 在家玩起來

### 大家猜一猜

❶ 準備一些有趣的小謎語，一些小貼紙當獎勵品，大家輪流猜一猜。

❷ 最初，媽媽和孩子一組，爸爸出謎題。例如：

- 天空上，哪個東西有時候圓圓的，有時候彎彎的，晚上才看得見？
- 在桌子上，哪個東西是圓圓的、淺淺的，可以用來裝你喜歡吃的水果？

❸ 讓孩子多想一下，不用每次幫忙喔！

六歲以上的孩子，可以改用大約四到五句的短篇小故事，要求孩子回答出裡面的內容。最簡單的方式，就是準備一本低年級的閱讀測驗念給孩子聽，然後帶出下面的題目讓孩子回答，就是相當不錯的練習。

延伸遊戲

**光光老師專注力親子互動遊戲卡**
**遊戲33「收拾小超人」(3Y+)**

## 光光老師專注力小學堂

從大腦的神經結構來看，語言可以分成兩個系統：「接收性語言」和「表達性語言」。

「接收性語言」位大腦的威氏區(Wernicke's area)，負責語言記憶與理解。如果大腦這區受傷，如車禍、中風等因素，病人語言理解就會出現困難，說不出事物名稱，但發音沒有困難且說話流利。

「表達性語言」位大腦的布氏區(Broca's area)，負責語言表達與發音。大腦這區受傷時，病人說話速度會慢，發音不正確並出現電報語言。在聽力和閱讀能力則沒有受到太大損傷。

孩子愛說話不等於聽得懂，臨床上許多被錯怪的孩子，就是很愛說話但都聽不太懂，結果被誤認為愛調皮搗蛋。

behavior 行為

# 50

# 就是開不了口 不擅長將腦中想法傳達給他人

小宏是一個國小一年級的內向小男生，長得白白胖胖的超級可愛，讓人忍不住想要捏他的臉。溫溫的他好像沒有個性一樣，不論人家跟他說什麼他都只會說好。有時需要他開口說話時，總會支支唔唔的，講了老半天就一直是這個、那個。媽媽本想小宏就是個性害羞的小孩，也沒太在意。但是最近小宏和還在念幼兒園的弟弟吵架老是吵輸，問他原因卻又講不出來，真讓媽媽擔心，溫吞的他在學校會不會被同學欺負呢？

＊＊＊

語言表達就是將大腦中的想法，透過語言或行動的表現，傳達給別人知道的能力。仔細地去聽聲音裡面的內容，並且將聲音轉換為能與他人溝通的語言。

不善於說話的孩子，常見發音不清晰，像是把「老師」說成「老蘇」、「獅子」說成「梳子」。由於擔心怕被人嘲笑，所以不敢說話，久而久之就變得更不敢表達。除了構音問題之外，口語表達還需要同時擁有詞彙、文法、結構和條理等能力才能流暢。

善於語言表達的孩子，在團體中占有優勢易成為領導者；語言表達較弱的孩子，多數當個聽話的跟隨者。長期下來，語言表達能力弱的孩子會變得愈來愈不敢開口，影響到他的自信心發展，爸爸媽媽一定要注意。

## 語言表達不佳的原因

### 原因① 發音不清楚

發音需要舌頭與呼吸協調才能完成。就像要說「拉拉拉」時，舌頭必須往上抬，放在上排牙齒的後緣，如果位置放錯，就會變成「哈哈哈」。舌頭動作不靈巧，發音就會跟著不準確。舌頭動作的靈巧度，和孩子食物種類的複雜度有關，如果孩子一直吃軟軟的東西，只要用吞下去的方式就可以進食，舌頭的練習經驗當然也就不夠。

### 原因② 說話不流暢

不流暢通常有兩個原因，一是孩子大腦想要講的太多，但是舌頭動作跟不上，導致出現結巴的情況，這在兩歲多的小男生比較容易出現。這時不要刻意去糾正孩子，以免孩子產生壓力反而更容易結巴。我們通常說話都是講到一個段落才換氣，但是有些孩子由於呼吸控制不佳，說到一半就要換氣，就易出現說話不流暢的表現。這時可鼓勵孩子多哼歌或吹笛子，讓孩子練習呼吸節奏就會有所幫助。

### 原因③ 表達不清楚

語言表達有問題的孩子，常常是說老半天，但是都沒有提到主詞。雖然說得很多又很久，還是很難讓他人聽得懂。由於省略主詞，在描述三個人以上的互動時，就讓接收訊息的人難以理解。孩子滿五歲後，可以教他把話講清楚的技巧，當他在描述事件時，清楚說明「人、事、時、地、物」，特別是時間和地點這兩項。

語言表達不僅是說話而已，更是人際互動的關鍵。孩子說不出自己的想法，在團體中就只能配合別人，當然顯得退縮。鼓勵孩子多說話，最簡單的方式，就是讓自己變成一個好聽眾，孩子說話的時候千萬記得不要不停地打斷他。請先聽孩子把話說完，再幫孩子延長句子的長度，透過你的引導，孩子的語言表達能力就會愈來愈順暢。

## 在家玩起來

### 頭上是什麼？

❶需要三人以上一起玩，準備一些圖卡（食物、日常用品、交通工具）和幾個髮帶。

❷將髮帶綁在頭上，然後抽一張卡片，自己不可以看到。

❸再將卡片放在額頭上，用髮帶固定住，讓別人都可以看到卡片。

❹向玩伴詢問：「我的頭上是什麼？」聽完別人的描述，猜猜自己頭上的圖卡。輪到別人問時，記得要描述物品的功能，但是不可以說出圖卡的名字喔！

❺最快答對五張圖卡的就是贏家。

五歲以上的孩子，比較適合這個遊戲。年紀比較小的孩子，可以使用故事圖卡或繪本，引導孩子試著說熟悉的故事給爸爸媽媽聽，那也是不錯的練習喔！

延伸遊戲　**光光老師專注力親子互動遊戲卡**
**遊戲40「你還記得嗎？」（4Y+）**

## 光光老師專注力小學堂

臨床上經常發現小女孩的語言表達能力，遠遠超前同年齡的小男孩。事實上，兩者連使用語言的目標也有很大的差別。男孩們說話的目的是交換資訊，女孩們說話的目的是確保人際關係。

語言表達時，左大腦負責構思文字，右大腦掌管情緒語調。在左右腦間有一個胼胝體負責扮演橋梁，女生的優勢就在這裡。大腦兩側訊息快速傳遞，更能將情緒用語言表達出來。

洪蘭教授曾說「男生平均每天講七千個字，女生講兩萬個字」。語言，可以說是女生的天賦，在察覺情緒與人際互動上，更是比男生來得敏感。

當小男孩變成青少年時，記得不要問孩子：「你知道我是什麼感覺嗎？」這句話常常會引起不必要的衝突，因為男生不擅長用語言表達自己的情緒。

Part 7

# 動覺專注力不足

動覺是最常被爸爸媽媽忽略的感覺，但跟孩子的學習效率與解決問題最有關連。

動覺最重要的功能就是將熟悉的動作轉為「自動化」過程。當日常生活的動作自動化之後，孩子的大腦才能留有空間思考，學習才會更有效率。如果孩子的動作一步一步都需要思考才能執行完成，動作當然也就慢半拍，甚至會丟三落四。

「動覺專注力」需要具備的五個基礎能力，是孩子日後學習的關鍵！

51 行為
坐沒坐樣

52 行為
家有跳跳虎

56 行為
上課愛講話

57 行為
我行我素

Part 8

# 情緒專注力不足

情緒除了天生氣質之外，更重要是〇至七歲間的生活經驗累積。

情緒不是天生的，而是分化而來的。情緒發展的歷程比我們想像的更為複雜，許多有情緒困擾的孩子，因為本身注意力不佳，無法察覺別人的表情，許多行為相對顯得白目，甚至干擾到人際互動。

就讓我們一起找出來「情緒專注力」需要具備的五個基礎能力吧！

53 行為 動作慢半拍

54 行為 討厭拿筆

55 行為 好容易當機

58 行為 搞不清狀況

59 行為 不會看臉色

60 行為 翻臉輸不起

behavior 行為 51

# 坐沒坐樣
# 無法維持固定姿勢

喬喬是一個活潑又有禮貌的漂亮小女生，各項表現都很好的她，有一件事總讓媽媽想不透。每天只要下課回到家，就好像沒骨頭一樣，常常只想躺在沙發裡，要她坐在小椅子上，不是一下子就跑掉，就是把腳翹在桌子上。媽媽好說歹說的，喬喬就是不放在心上，就算是生氣地叫她罰站，也會像毛毛蟲一樣扭來扭去。快把媽媽給逼瘋了，明明在外面所有的表現都很優秀啊，為何一回到家裡就變了樣呢？

＊＊＊

「姿勢控制」是指可以維持固定姿勢的能力。從動作發展理論來看，動作能力的發展需要遵守三個原則：從反射到自主、從靜態到動態、從近端到遠端。要發展手腳的動作協調之前，孩子必須要先擁有良好的軀幹穩定能力。

姿勢控制的能力跟一般大人想像的不一樣，不是用孩子手腳力量大不大來判斷。責怪孩子愛偷懶、不正經之前，或許可以先想想是不是孩子核心肌肉群耐力不佳。

對於姿勢控制不佳的孩子，坐著不要動基本上跟蹲馬步一樣累人。

## 姿勢控制不佳的可能原因

原因① 雙手很少舉高

回想小時候，爬樹、擦玻璃、打球，甚至是偷拿糖果來吃，都需要把手舉得高高，這些動作能充分訓練到上半背部的肌肉力量。現在的孩子操作高度幾乎都在肩膀的水平面之下，需要將雙手舉高的機會大量減少，表現出來的就是上半背部肌肉力量不足，伴隨彎腰駝背的情況。

原因② 腹部肌肉沒力

從生理結構來看，我們的胸腔位於腹部上方，腹部就像是一顆充滿氣的皮球，支撐著胸腔的重量。腹部這顆皮球靠著腹肌力量支撐胸腔，如果腹部肌肉沒力，就像洩了氣的皮球一樣，無法支撐胸腔重量，坐著的時候容易坐不穩。當腹部肌肉沒力，就會將大腿彎起靠近腹部，以增加皮球的力量，出現一支腳放在椅子的怪異坐姿。

原因③ 爬行經驗不足

姿勢控制也會受到反射動作的干擾，出現不自主動來動去的情況，最常見的就是受到頸部張力反射的影響。這是一種原始反射，當小嬰兒頭往右轉時，右手會自動地伸直，左手就會自動彎曲。小嬰兒只要可以控制好頭部動作，就可以伸手拿到喜歡的奶嘴，並且放進嘴巴。隨著孩子開始爬行，這個反射就會被打破，讓手腳可以隨心所欲的動作。基本上四歲以後頸部張力反射就會完全整合，而不會影響到孩子的姿勢控制。如果幼兒期爬行經驗不足，這個反射動作沒有整合成功，當然就會出現頭一動，全身跟著動來動去的坐不住行為。

由於生活型態的改變，孩子的手腳很有力，但是軀幹力量卻不足。孩子需要的不是責備，而是明確的指引，幫孩子培養好姿勢控制的能力，很快地孩子就能乖乖坐好了。

## 在家玩起來

### 我是小飛俠

❶ 準備一顆直徑約一百公分的瑜伽球。

❷ 爸爸媽媽跪著把瑜伽球放在兩腿中間，用大腿稍微靠著球雙手扶球。再請小朋友趴在瑜伽球上。

❸ 雙手改扶著孩子的腰，鼓勵孩子將手腳抬高離地，做出飛起來的姿勢。數到三十下就算是成功，這個飛起來的動作要重複十次。

一開始可以先數到十，增加孩子完成動作的成就感，再逐漸增加到三十。當爸爸媽媽很熟練這個活動以後，就可以在數數時順便輕輕左右、前後搖晃瑜伽球，讓孩子更可以感覺到「飛翔」的感覺！

**延伸遊戲**

**光光老師專注力親子互動遊戲卡**
**遊戲32「金雞獨立」(3Y+)**

## 光光老師專注力小學堂

坐沒坐樣的孩子如果同時伴有肌肉張力低，像是一顆懶骨頭時，就要注意孩子的身體姿勢，避免日後出現脊椎側彎的風險。

人體的脊椎骨並不是一根直直的棍子，而是有一定的曲線，才能擁有彈性應付走路時的震動。從側面來看，脊椎骨呈現一個S型；如果從正後面來看，則呈現一直線。

脊椎側彎則是從正後面看，脊椎骨出現S型形的彎曲，會導致兩肩高度不一、肩胛骨凹凸不一、經常歪頭看人的情況。脊椎側彎在二十度以下，配合適當運動就可以矯正；在二十至四十度時，就需要裝上讓人很不舒服的背架。

爸爸媽媽一定要在孩子骨頭發育時，多幫孩子注意姿勢正確，避免脊椎側彎的發生。

behavior 行為

52

## 家有跳跳虎 前庭刺激未被滿足

小佑是一個活潑的小孩，平常喜歡碰碰跳跳，常常在家裡跑來跑去，體力超級好，大人都比不上他。只是小佑好像不太會走路，到哪裡都用跑的，活像一隻跳跳虎。每次過馬路都沒辦法乖乖等待，搞得媽媽提心吊膽。愛動來動去的小佑，會不會是過動兒呢？

＊＊＊

前庭功能在我們的內耳，負責掌管身體平衡與速度感，察覺頭部在空間中移動的速度與距離。跑步、彈跳、旋轉、騎車等活動，所提供的加速度感，都可以獲得前庭感覺的回饋，促進孩子在動作協調方面的發展。

許多原本怕高的小小孩，在三、四歲時會突然變得超級喜歡溜滑梯和盪鞦韆，這不是大人單純地以為孩子變調皮、愛搗蛋，而是他們正在為閉著眼睛也可保持平衡做準備。只是孩子在學習的過程，還無法精確地運用身體，就會出現跑跑跳跳尋找刺激的行為。

就像是學騎摩托車一樣，一開始可能騎時速三十公里就覺得超快，一定要放開油門減速；騎半年後，時速六十公里可能都會覺得很慢，不知不覺就將油門催到時速八十公里。有天若不小心摔車，就會暫時乖一點放慢速度，又會回到騎時速四十公里。就是這樣來來回回，最後才會固定都騎時速六十公里。

## 跳跳虎需要透過無數次的練習，漸漸熟練運用身體

原因① 孩子體能的增加

四歲以後，孩子不僅長高變大，活動量也變多。原本每天在家都有固定睡午覺的習慣，現在體力夠、電池變大顆，若整天活動範圍仍然只在家裡，活動量不夠可能連午覺也都不用睡。建議每天給孩子一小時的戶外活動時間，讓他盡情地遊玩、跑跳。面對這個年齡層的小孩，如果硬是想要把他關在家裡，無疑是要他把客廳當作操場，當然就會增加衝突。

### 原因②　發展高階的平衡

人體的平衡功能非常複雜，需要視覺、前庭覺、腳踝穩定度彼此合作。小小孩階段，孩子主要的平衡感是依靠視覺。四歲後視覺轉為用來辨識物品，平衡就由前庭覺接手。這也孩子開始喜歡爬高爬低進行危險遊戲的原因，不是他愛搗蛋，而是他在練習自己的平衡感，讓眼睛可以解放出來專心看物品的過程。

### 原因③　視覺與前庭混淆

在大自然裡，前庭刺激與視覺刺激往往同時產生，並且有因果關聯性。當你跑得愈快，視野變化也就愈快。隨著電動遊戲的普及，這樣的因果關聯被打破，明明坐在椅子上不動，眼睛看到的事物卻不停地動，孩子的大腦出現錯誤判斷，以為自己可以跑得超級快、跳得超級遠，結果就做出許多超過自己能力的動作，大人看到了當然覺得險象環生。應該讓孩子多往戶外跑，孩子獲得足夠的前庭刺激，自然可以減少他沉迷在電動的時間。建議爸爸媽媽在孩子九歲之前，當他的自制能力尚未成熟時，不要將手機當作保母，以免孩子過度沉迷在虛擬世界之中。

少部分的孩子，天生對於前庭刺激的需求量較高，需要更多的活動量才能被滿足。除了學校裡面的體育課之外，爸爸媽媽更要多帶孩子外出走走，培養孩子規律的運動習慣，才能讓孩子在學校裡坐得住。

孩子放學後回家前，記得抽空先帶他到公園晃一晃，玩一下盪鞦韆、溜滑梯、騎腳踏車等，讓孩子用合宜方式獲得前庭刺激，體力適度宣洩後，就可以讓他在家裡表現得比較好。

很快地當孩子覺得自己坐不住時，就會主動請你帶他去公園遊玩，也就不會在家裡調皮搗蛋了。記得先了解孩子，才能正確引導孩子。我們要給予的應該是適當活動安排，而不是一味責備。

## 在家玩起來

### 翻滾吧！男孩

❶ 準備一條大被單，鋪在有地墊的地板上。
❷ 先將大被單對折，讓孩子躺在被單一端，雙手抓著被單，慢慢地把自己像壽司一樣捲起來。
❸ 捲好以後，爸爸媽媽雙手拉著大被單，數一二三，舉高被單，讓孩子快速地自己滾出來。

一開始時請務必溫柔一點，不要動作太快或舉得過高，以免發生危險。孩子最初不知道自己的極限，第一次先玩三回合，以免過度刺激導致孩子出現頭暈的現象。

延伸遊戲

**光光老師專注力親子互動遊戲卡**
**遊戲30「走秀模特兒」(3Y+)**

## 光光老師專注力小學堂

孩子需要的是學會更有效率的技巧，而不是單純的消耗體能。

我們大人常常誤將跑步和前庭刺激畫上等號，以為孩子在家動來動去，就要帶他去跑步。其實這只是消耗孩子的體力，獲得的前庭刺激卻不夠多。孩子常常已經累得要命，仍然不願意回家還要繼續玩，都是因為刺激沒有被滿足。我們可以問自己，跑步和騎車哪一個比較快？ 哪一個比較省力？鐵定是騎車不是嗎？那為何要一直跑、跑不停呢？

動是孩子的天性，請不要高壓的限制。在家裡可以準備跳跳床、跳跳馬，在注意安全下和孩子玩前庭刺激遊戲。請記得不要教孩子在床上或沙發上跳，因為孩子年紀還小不會分辨情境，他無法判斷家裡的沙發可以跳，別人家的沙發不可以跳。

behavior 行為 53

# 動作慢半拍
# 雙側協調性不佳

洋洋是一個溫和的小孩，不管人家說什麼都好，一點脾氣也沒有，老師們都好喜歡他。就是有一點讓人很擔心，洋洋的動作很慢，不管怎麼催促，他都一樣慢慢來。幼兒園上台表演跳舞時，洋洋動作老是和大家不一樣，總是慢一拍。就連穿衣服那樣簡單不過的事，也要花上好一段時間才能完成。媽媽憂心地想著，進入小學功課變多後，洋洋會不會寫到半夜也寫不完呢？

***

「雙側協調」是雙手可以彼此合作，操作一個物品的能力。從大腦神經生理來看，人類有兩個大腦半球，左大腦負責右側身體的動作，右大腦負責左側身體的動作。如果成人中風在左大腦時，會導致右側肢體癱瘓無法動作。兩側肢體動作，分別由兩個不同系統控制，如果要能協調動作，需要彼此資訊交流才能完成。

嬰兒時期孩子的兩手都是執行相同的動作，要舉手兩手一起高舉，要放下兩手一起的放下，無論如何兩側的動作都是一樣的。隨著孩子愈來愈能控制自己的肢體，兩隻手才能分開來做不同的動作。這時孩子常常會一手拿著玩具，另一手操作物品，其實不是孩子迷戀玩具，而是孩子在想辦法讓自己的兩手做不同的事。

兩歲以後孩子的雙手開始明確分化，一手負責操作，另一手負責固定，雙側協調也就漸漸成熟。如果雙側協調不佳，孩子就會常出現動作慢吞吞、搞不清楚左右、不會騎腳踏車、莫名其妙跌倒等行為，這些協調不佳的行為，有時甚至會影響到自信心的發展。

## 動作跟不上的可能原因

### 原因①　缺少跨越中線的練習

人體從正面看，若從正中央畫一條直線，你會發現身體的兩側是完全對稱的。這條想像的線，就是「身體中線」。雙手要能彼此合作，最重要的就是一隻手要能跨越這條身體中線到另一側。小嬰兒練習這個動作的表現就是翻身，翻身時小嬰兒會用手跨越身體中線，誘發身體轉動，然後腳用力一蹬就翻過去了。如果把小嬰兒都綁得緊緊，讓他乖乖躺著不動，練習的經驗當然就會不足夠了。

### 原因②　不斷更換慣用手

基本上，孩子不論是左撇子或右撇子，在動作協調上都不會有問題。但是如果讓孩子一下子用左手，一下子又改成右手，不斷改來改去會讓大腦資訊混淆。當大腦無法判斷以誰為主時，左右腦就會出現爭搶的情況，出現肌肉動作無法協調。孩子如果是左撇子，請不要刻意改成右手，以免雙側協調動作受到干擾。

## 原因③ 生活經驗缺乏

相對於滑步車的流行，腳踏車才是我們小時候熟悉的行動遊具，也是最好的雙側協調訓練。騎腳踏車時，如果雙腳一起用力踩踏板，腳踏車鐵定會卡住完全不動。騎腳踏車的技巧就是要一邊用力往下踩，另一邊放鬆地往上抬高，腳踏車才能順利往前進。滑步車就算兩隻腳一起蹬、一起抬，只要快一點還是可以往前，雙側協調的動作就沒有練習到。帶著孩子到戶外騎一騎腳踏車，幫助他增加雙側協調的練習。

對大人而言，成績好壞往往是最重要的；在孩子的世界中，動作好壞才是關鍵。就像是國中時的風雲人物，通常是籃球隊隊長，而不是全校第一名。動作品質的好壞，不僅是動作快慢的問題，更會影響到孩子的自信心。不要覺得動作慢的孩子長大就會改善，請陪著孩子多練習，幫孩子建立出良好的雙側協調。你會發現雙側協調佳，孩子不用你催促，動作也會變快很多。

## 在家玩起來

### 第三類接觸

❶ 準備兩張小椅子、一個大餅乾盒和一根小木棍。
❷ 將椅背跟椅背靠在一起擺好，一人坐一張椅子，背靠背。爸爸（媽媽）和小孩子雙手都伸出食指，做出比一的動作。
❸ 小孩子用右手先開始，爸爸（媽媽）用左手先開始。將手伸出來跨越身體中線，稍微轉身，往後面碰到對方的手指頭。
❹ 然後再換另一隻手，轉另一個方向，再去碰對方另一隻手的手指頭。
❺ 先練習十次，讓大家都熟練這個動作。
❻ 接著就請一個人拿著小木棍敲打餅乾盒，敲一下碰一次。

一開始敲的速度要慢一點，孩子有成功經驗才會比較願意練習。經驗上，孩子喜歡打鼓看爸爸媽媽比賽，親子一起玩，更能增加孩子願意練習的動機。

延伸遊戲

**光光老師專注力親子互動遊戲卡**
**遊戲 41「歡唱舞會」（4Y+）**

## 光光老師專注力小學堂

孩子動作慢半拍，若還出現昏昏沉沉，一副沒有睡醒的樣子，爸爸媽媽就要考慮另外兩種可能性。

一是「睡眠時間不足」：孩子因為睡眠不足，導致大腦還沒清醒，所以動作慢半拍。常見的原因是孩子睡眠時間太短，這時請調整孩子的睡眠時間。

二是「睡眠品質不佳」：在臨床上也見過孩子雖然睡眠時間足夠，但受過敏、氣喘、鼻塞等影響，導致睡眠品質不佳，結果愈睡愈疲勞，這時請先改善上呼吸道問題。

behavior 行為

# 54

## 討厭拿筆
# 手指靈巧度不足

小沐是一個文靜的小女生，喜歡玩扮家家酒，還有好多好朋友。可是很奇怪，一般小朋友喜歡的畫畫，她總是一副興趣缺缺的樣子。畫畫時都要媽媽在旁邊陪她，或是撒嬌請媽媽幫忙。老師說小沐在學校做勞作，也都請同學幫她。到底小沐怎麼了？為什麼會討厭畫圖和做勞作呢？明年就要上小學了，會不會就此討厭寫作業呢？

＊＊＊

「掌內操作」是指可以獨立使用五隻手指頭不需要額外協助，就能將手掌內的小物品



動覺

調整到適合操作位置又不會掉落到地面的能力。如果要有這樣的能力，孩子的單手必須要同時擁有「固定物品」與「移動物品」的能力。掌內操作在執行上，五隻手指頭必須分別負責兩組動作，拇指、食指、中指負責動態的操作，無名指和小指負責靜態的穩定。

就像是我們要投自動販賣機，右手握有三到四枚硬幣，左手剛好拿著東西，我們依然可以用右手的拇指和食指將硬幣移到指尖，再將硬幣投入投幣孔中。這樣的掌內操作技巧是孩子日後書寫時，可以有效運筆與寫字的基石。

如果孩子掌內操作不好，寫字就會像是寫書法，不是倚仗手指動作，而是靠前臂動作，這樣的書寫效率相對就慢。

## 認識掌內操作不佳的可能原因

### 原因① 手腕力量不佳

我們非常注重孩子的手指靈巧度，卻忽略手腕穩定度。事實上，手腕穩定度才是所有精細動作的基礎。如果孩子手腕力量不足，就會出現倒鉤寫字的情況，當然在精細操作上就會受到影響。手腕力量不佳的孩子，寫作業時還會出現寫字忽大忽小的情況。培養手腕力量並不是讓孩子坐在桌前練習，而是要在牆上、畫架等垂直平面練習。

### 原因② 手弓穩定不佳

扁平足是孩子踩在地板上，腳板整個平平地貼在地面上，沒有足弓的曲線。我們的手上也有相似的構造，叫做「手弓」。當你給孩子一堆糖果，孩子必須要拱起手掌內的肌肉群，變成一個暫時的碗承裝這些糖果。當手掌彎曲呈現一個碗狀，依靠的就是我們的手弓，因為手掌有這樣的弧形，大拇指才能靈巧動作。手弓過於扁平時，大拇指的動作就會受到限制，當然也就沒辦法有效率的操作物品。

原因③　手指分節不良

除了用手掌抓握拿起物品之外，我們還需要一個非常重要的能力，就是比出手勢的動作。像是可以比出一二三四五的手勢，這樣的能力被稱為「手指分節」。孩子可以隨心所欲地控制自己的手指頭，各別做出想要的動作，才能靈巧地操作物品。陪著孩子玩「剪刀石頭布」或「比一二三四五」的小遊戲，都是非常好的練習。

手指靈巧度最好的練習，就是讓孩子自己吃飯。孩子自己吃飯時，拿著湯匙、筷子，就是在練習自己的手指動作。如果我們一口一口餵孩子吃飯，無形中剝奪孩子正常的練習機會。當孩子四歲以後，請爸爸媽媽多點耐心，不要再餵孩子吃飯。

## 在家玩起來

### 硬幣大挑戰

❶ 準備兩個撲滿，四十枚十元硬幣，平均分配給兩個人。

❷ 比賽前先帶著孩子練習，將三枚硬幣放在孩子的掌心，鼓勵孩子用單手將硬幣移到指尖，再投進撲滿的投幣口中（盡量小心不要讓硬幣掉下去）。

❸ 當孩子熟練硬幣都不會掉下之後，就可以開始跟孩子比賽。

❹ 比賽規則很簡單，一次拿三個硬幣放在手掌中，用單手將硬幣放到撲滿裡。投完後，可以再拿三枚硬幣，先投完十二枚硬幣者就是贏家。

透過遊戲與競賽過程，增加孩子的動機，更能讓孩子願意配合練習。玩遊戲時要讓孩子有輸有贏，孩子才不會因受挫而抗拒不願意練習。如果覺得硬幣很髒，擔心上面的細菌，爸爸媽媽可以改用玩具店買得到的塑膠硬幣。

延伸遊戲

**光光老師專注力親子互動遊戲卡**
**遊戲 38「畫出我的小心情」（4Y+）**

## 光光老師專注力小學堂

孩子討厭畫圖、做勞作，若是由掌內操作不佳引起，會讓孩子因為沒辦法有效率運用工具，無法從活動中獲得樂趣。除了掌內操作不佳，「觸覺過度敏感」可能也是孩子不愛畫圖、做勞作的另一個原因。

有些孩子觸覺過度敏感，會討厭黏黏的感覺，所以不喜歡做勞作。對於膠水、白膠會產生情緒，導致孩子抗拒參與勞作活動。

可以多讓孩子玩沙、玩水、玩黏土，透過給予更多的觸覺刺激，幫孩子降低觸覺敏感度，抗拒的心就會漸漸改善。

behavior 行為

# 55

## 好容易當機
# 缺乏動作計畫力

小如是一個乖巧的小孩，平常只要大人說什麼，多數都會乖乖配合。最近的她讓老師有點傷腦筋，碰到新事物時，全班的小孩都開心地想躍躍欲試，只有小如定在原地完全不動，一定要老師過去幫他才可以做完。明明平常都好好的，難道是小如很膽小嗎？但又不像，因為平常小如和同學互動也都有說有笑。為何一碰到新的事情，小如就會發呆呢？

＊＊＊

碰到新的活動，大腦必須在既有資料庫中提取過去的經驗，將這些舊經驗拆解，再重新的排列組合，變成一個可以執行的計畫。

就像玩樂高積木一樣，如果孩子常常玩，要做一台全新的挖土機時，會拿坦克車的底盤、卡車的車頭、吊車的吊臂，再加上一點點的組合就可以完成，這樣的組裝速度會比重頭開始快速許多。

如果孩子在組織計畫有困難，遇到新任務時會因為無法有效率重組，就會出現呆住不動的情況。這並不是孩子膽小容易緊張，而是無法自行組織計畫，才會讓大腦當機。這時你會發現，孩子往往會一直看著別人做，站在原地一動也不動，直到看完別人組合的過程，才會開始執行動作。

## 動作計畫不是與生俱來的，需要經驗累積

### 原因① 肌肉張力較低

肌肉就像是身體的衣服一樣，肌肉張力高就像是穿著緊身衣，肌肉張力低就像是穿

著寬鬆的T-shirt。如果穿著衣服放進一顆球，你覺得穿哪一件衣服比較能感覺到球在哪裡？鐵定是緊身衣不是嗎？如果孩子天生肌肉張力比較低，當然就不容易察覺自己的手腳位置，導致要做計畫動作時出現困難。對於這樣的孩子，要協助他養成固定的運動習慣，讓肌肉漸漸變得有力量。

### 原因② 身體形象不良

隨著孩子愈來愈能察覺自己的肢體動作，就會在大腦中畫出一幅具有身體「形象」的圖樣。透過這個內在圖像看到別人動作時，就可以立即模仿出來。如果孩子的身體形象沒有建立好，動作模仿時，就需要不停地看向別人，再看自己的姿勢是否一致，速度與準確性也就會比較不好。孩子透過玩鑽山洞、爬攀爬架等需要鑽來鑽去的活動，漸漸了解自己身體的大小，逐漸掌握自己身體的範圍。身體形象在孩子突然長高時，會因為大腦一時無法習慣，出現暫時性的退步，這時就請爸爸媽媽多給孩子一些時間。

## 原因③ 順序概念不佳

順序概念不佳是指對於指令的記憶沒有問題，但是常常會遺忘順序，致使執行出現錯誤。生活中有些事情沒有順序需求，例如：拿三個物品過來，這只需要記憶，而不需要順序。但是有些事情卻不是如此，例如：排出紅、黃、綠三個顏色，如果你排成綠、黃、紅，那就不正確。有些孩子在順序記憶上有困擾，聽從指令後，常會搞錯順序所以無法完成活動。這時可以讓孩子使用覆誦指令的方式，增加其對順序的記憶。多讓孩子練習串珠珠等需要重複一定順序的遊戲，也可以幫助孩子培養順序概念。

過去孩子的玩具很少，空閒時間很多，常常需要自己創造遊戲。現在孩子的玩具很多，每一個都有標準的玩法，孩子太習慣看說明書、聽指令，卻懶得動動頭腦，去計畫組織一個遊戲。

孩子天生就喜歡創造與改變。經由不斷修正與調整遊戲，從中學會如何組織與計畫。五歲正是動作計畫發展的高峰期，請爸爸媽媽收起我們想要教孩子的衝動，多等待一點時間，讓孩子有機會自己動動腦。讓孩子常常動腦，碰到新問題時，才不會讓大腦當機。

## 在家玩起來

### 跟我一起這樣做

❶ 準備兩張小椅子，面對面擺好，一人坐一張。

❷ 先讓孩子練習模仿你的動作，當你左手舉起來，請孩子舉起右手，就像是鏡子一樣。先隨意做三、四個動作，看孩子可不可以完成。如果可以，就開始進行遊戲。

❸ 請孩子跟著一起大聲說：「請你跟我這樣做」，然後爸爸媽媽做一個動作，讓孩子模仿。漸次增加一個動作，看看孩子最後可以記得幾個動作。

如果孩子在動作模仿時出現困難，可以找一面大鏡子，讓兩人都面對鏡子做動作，透過鏡子提供的視覺回饋，幫助孩子察覺自己身體動作。等到孩子百分之百成功後，再回來進行遊戲。

延伸遊戲

**光光老師專注力親子互動遊戲卡**
**遊戲 47「料理好幫手」（5Y+）**

## 光光老師專注力小學堂

五歲的孩子最喜歡創造一些稀奇古怪的新遊戲，要求別人陪他玩。但常常會前面才說要這樣玩，然後又改變遊戲規則。這不是孩子愛調皮搗蛋，也不是破壞規矩，而是在練習做動作計畫。只是孩子的技巧尚未成熟，無法一次訂定好規則，常會碰到需要修改的情況。

孩子在創造遊戲的過程，就是在練習動作計畫，並且學習解決問題。爸爸媽媽可以順勢點出遊戲裡的小問題讓孩子練習解決。

如果這個年齡的孩子過度乖巧，只想聽從別人指令，當一個乖乖跟隨者，不願意嘗試創造，爸爸媽媽反而要多加注意，鼓勵孩子多多練習。

behavior 行為

# 56

## 上課愛講話 感覺調節比較弱

小慧是一個機靈的小女生，動作靈巧不說，反應也非常快，幼兒園老師特別喜歡她。進入小學以後卻出現了麻煩，小慧上課容易分心，常常和旁邊的同學說話。老師問她時，她都可以對答如流，但是旁邊的小朋友卻被她干擾到不能上課。學校的老師頭痛不已，一再地寫聯絡簿向爸爸媽媽反應，究竟小慧為什麼會變得如此容易分心呢？

***

感覺處理的過程中，感覺刺激並非直接傳遞到大腦皮質讓我們察覺，而是先在腦中做出調節，將需要注意的資訊放大，不需要注意的資訊縮小，最後才傳遞回大腦皮質。因此我們才可以過濾環境中的雜訊，心無旁騖的專心做事情。

感覺調節比較弱的孩子容易被干擾，出現分心的情況。孩子對於細小的刺激通常較敏感，很多時候大人不易察覺的刺激，孩子的大腦也會感受到，會不由自主地想要去注意，表現出容易分心的外顯行為。

臨床上曾經碰過觸覺過度敏感的孩子，甚至可以察覺到後面小朋友在擦橡皮擦的震動，每當出現震動感應，就會一直想要轉頭看看同學在做什麼。這時協助孩子最好的方式不是責備，而是幫孩子換到適當的位置，讓後面坐一個相對較「安靜的同學」。

## 孩子感覺調節不佳的可能原因

### 原因① 感官過度敏感

幼兒時期若缺乏感覺經驗，長大後對於感覺刺激容易過度敏感。就像是麥克風的靈敏度設定太高，有一點點刺激都會出現雜訊反應。大腦無法有效率的過濾雜訊，就容易受到環境干擾出現分心的情況。這時需要幫孩子做感覺減敏，降低敏感度後孩子才能專心。就像是一個人很怕吃辣，要循序漸進地在每次用餐時一點一點的加些辣椒，讓他漸漸習慣，也就不會那麼敏感。如果孩子對於聽覺很敏感，就不要再把他放在安靜的房間裡，而是引導孩子學習樂器、唱遊等活動，透過練習讓他漸漸降低對聽覺的敏感度，自然也就可以抵抗外在干擾了。

### 原因② 爸爸媽媽過度保護

有些爸爸媽媽對於孩子過度保護，衣服特別挑選，不是純棉的不穿，衣服上會讓人有刺刺感的標籤都要剪掉，所有物品都給予最好的，家事也不用做。過度保護下，忽略了孩子自己動手做中可獲得的觸覺經驗。孩子生活中如果一切都是光滑的，未來只要有一點點粗糙，就會讓他不舒服。「豌豆公主」活生生出現在現代，只要環境稍微複雜一點，分心自然免不了。

### 原因③ 生活作息不規律

在學校必須要依照課程，適當地調整自己的「清醒度」。例如：數學課時大腦要最清醒，國語課次之，午休時間可以降到最低。午休時間孩子若愛聊天，不是他不乖而是大腦還太清醒。因為大腦太清醒，所以會覺得無聊，太無聊自然就想要找事情做，當然會讓老師頭疼。幫孩子訂出時刻表，協助調整常規與作息，自然可以減少被責備的頻率。

---

孩子透過與環境互動獲得的感覺回饋，發展出良好的感覺調節能力。隨著生活型態的改變，現在生活視覺刺激太多，觸覺刺激卻顯貧乏，導致許多孩子在觸覺方面過度敏感，學習時出現分心的情況。這時請先不要責備孩子，而是幫孩子增加感覺經驗，讓他降低敏感度協助他找回專心。

---

## 在家玩起來

### 洗刷刷

❶ 準備一顆觸覺球。

❷ 用滾動的方式，幫孩子的雙手和背部按摩。

❸ 每個部分各做三十至五十次，一天三個循環。

對於非常敏感的孩子，前幾次玩這個遊戲，若出現抗拒的情況，請先不要強迫他。而是改由孩子幫爸爸媽媽刷，讓孩子先知道觸覺球是無害的，再幫他刷就會比較順利。滾動觸覺球時，可以問孩子要重或輕、要快或慢，也會讓他比較願意練習。

延伸遊戲

**光光老師專注力親子互動遊戲卡**
**遊戲49「捏麵團囉」（5Y+）**

## 光光老師專注力小學堂

孩子上課容易分心喜歡講話，還有可能是下列兩種因素，爸爸媽媽也必須要知道喔！

第一種是「已經學過了」。如果只有在特定課程才會出現愛聊天的情況，有可能是課程的內容已經學過，表現出興趣缺缺感到無聊的樣子。讓孩子補太多習或超過學校進度太多，是孩子上課變得愛講話的原因之一。

另一種是「我有新禮物」。孩子帶玩具到學校，主要目標不是玩玩具，而是想要和同學分享。當孩子買了一支全新的鉛筆，換了一個新的鉛筆盒，擁有最流行的卡通吊飾，都是孩子們聊天的媒介。若常讓孩子帶太多新玩意到學校，有可能讓他被貼上「愛說話」的標籤喔。

behavior
行為
# 57

# 我行我素
# 不遵守社會規範

小軒是一個個性很急的小男生，常常跑來跑去一刻都等不住。如果說他不專心，似乎也不是如此，常常一做起事就停不下來。讓人困擾的是，小軒好像都不聽指令，一味做著自己想做的事。在家裡倒還好，但是在學校就有大麻煩。當同學們還在做勞作時，他卻自己跑到旁邊拿書看，沒有參與團體活動。就算是已經提醒他好多次還是一樣，真是讓爸爸媽媽和老師傷透腦筋，究竟是為什麼他會出現這種不守規矩的行為呢？

＊＊＊

人與人互動的過程中，必須要注意到「隱藏規則」。這些規範往往不需要額外說明，大家都會去遵守與配合。像是等待別人一起做完，才可以做下一件事情；溜滑梯要排隊，玩玩具要輪流；上課時不可以吃零食等，都是不需要提醒，就會主動配合的事情。

如果沒有事先培養這些規範，孩子就會我行我素、不聽指令。這並不是孩子不配合，而是習慣沒有養成。對孩子而言，訂下的規則太多，孩子反而很難配合。引導孩子時要協助減少規則，先幫助他一步一步養成好習慣，再每個月增加一個新規則，漸漸地孩子就會愈來愈配合。

## 導致社會規範不佳的可能原因

### 原因① 等待機會少

請爸爸媽媽先想想，到了用餐時刻，你是自己先吃飯，還是孩子先吃？過去較為權威的時代，孩子總要等到爸爸回家，全家一起坐在餐桌前才會開始用餐，每天吃飯都會練習等待。現代的孩子總是寶貝，常常是先餵飽孩子才輪到大人吃飯。孩子在學校我行我素，不是他故意不聽話、不配合，而是從小沒有練習過等待，進入團體生活中自然會出問題。從現在開始，在家裡給孩子點心時，請讓孩子先讀秒，從一數到三十後才給他，幫孩子漸漸培養等待的美德。

### 原因② 輪替概念弱

學會輪流的前提，就是大家想要的東西只有一個，當別人正在使用時，其他的人就必須等待。如果家裡只有一個孩子，所有東西都是他一個人的，當然不需要輪流。即便家裡有兩個孩子，爸爸媽媽擔心不公平，買東西依舊一人一個，而且兩個人還一模一樣，自然也不需要輪流。學校團體生活卻不是如此，很多活動都必須輪流，缺乏輪流概念的孩子就會出現等不及的表現，或是輪到他了卻不知道，當然也就會出錯。當孩子四歲時，可以跟他一起玩桌遊、棋類的活動，讓孩子學習輪流出牌，在團體中也就比較不會出槌。

## 原因③ 太自我中心

孩子在一歲半至三歲時，自我概念開始萌芽，慢慢會發現自己與別人的差異。四歲時，可以清楚察覺他人的想法。但是部分孩子由於自我概念不夠成熟，無法了解自己與他人的差異，就會出現過度以自我為中心，認為別人想的都跟他一樣，而出現我行我素的行為。這樣的表現通常是爸爸媽媽太順從孩子，凡事都讓孩子做決定。爸爸媽媽是孩子的引導者，不應該所有事都順著孩子，這樣會讓孩子搞不清楚狀況，甚至在社交互動出現障礙。

不要擔心拒絕孩子會讓孩子傷心。爸爸媽媽是孩子與社會之間的接著劑，給予孩子安全感與規範，才能讓孩子學會如何與他人相處，讓孩子既可以保護自己也不會傷害他人。如果孩子凡事都只想到自己，等到青春期時，究竟是你要聽他的，還是他要聽你的呢？

## 在家玩起來

### 關鍵十秒鐘

❶準備一支馬表(或是智慧型手機上的「馬表APP」)。

❷輪到孩子時，請他先閉上眼睛，按下馬表開關，在心裡默數十秒，再按下開關。

❸大家輪流做一次，比比看，誰的時間最接近十秒，就是贏家。

最初可以教孩子念「一千零一、一千零二、一千零三……」，透過念出來，孩子會比較容易成功，等到熟練後再改成默數。當孩子們都可以完成後，就可以變成二十秒或三十秒，會更有挑戰性喔！

延伸遊戲

**光光老師專注力親子互動遊戲卡**
**遊戲42「翻翻大贏家」(4Y+)**

## 光光老師專注力小學堂

孩子只想到自己，老是我行我素，也可能會是下列兩個原因導致：

第一種是「聽覺理解不佳」：很愛說話並不代表很會聽話。對指令的理解較弱，也很容易被誤認為是我行我素。

第二種是「挫折忍受度差」：太在乎輸贏，得失心太重，害怕自己表現不佳而導致情緒波動，也會出現類似我行我素的行為。

behavior 行為 58

# 搞不清狀況

# 察覺不到環境改變

小品是一個有趣的小男孩，很喜歡逗人開心。少根筋的他，常常搞不清楚場合，有時會做出一些讓人啼笑皆非的行為。明明就是嚴肅場合，還在說笑話；明明就是輕鬆場合，卻又完全一動也不動。全班都已經開始收書包準備要回家了，就看到小品一個人還坐在那裡，一動也不動的。直到老師叫他，才急急忙忙地把所有東西塞到書包裡。究竟是為什麼，小品老是搞不清楚狀況呢？

＊＊＊

「情境察覺」是指情境轉換時，可以立即覺察並且調整行為，以符合社會期待的能力。就像是上課鐘聲一響，就要收起下課遊玩的心情，轉變成乖乖坐好；或是課堂小遊戲結束後，就要收起嘻鬧的態度認真聽講。不需要他人的提示，可以察覺環境改變的細節，了解目前的情況。

情境察覺比較弱的孩子，往往不是發呆而是察覺太慢。沒有人提醒他，就一直卡在原來的情境下，當然就會常常表錯情。如果又同時伴隨語言表達不佳，就很容易被誤認為是故意搗蛋。天兵的孩子不是故意狀況外，其實是他卡住了。這樣的孩子，在情境轉換時可以幫他安排一個小幫手，給予適當提醒狀況就能有所改善。最好的方式，當然是幫孩子找出原因，從根本上讓孩子改變。

## 情境察覺不佳的可能原因

原因① 時間觀念較弱

四歲時基本上可以分辨「昨天」「今天」和「明天」，但是對於一個星期後的時間還無法理解。等到六歲時，可以分辨星期一、星期二……，開始有一週的概念。如果孩子時間概念較弱，常常會搞不清楚今天是星期幾、要做什麼事、要上什麼課，表現出來的就是搞不清楚狀況。當孩子大班以後，請不要幫孩子做太多事，讓他試著整理自己的書包，就是最好的練習。

### 原因② 周邊視野較窄

相機鏡頭如果有廣角，要拍團體照就很容易，不用一直往後退調整角度。我們的眼睛也是如此，周邊視野可以察覺的範圍愈廣，也就愈容易收集到環境中的訊息。和我們想像不同的是，周邊視野主要負責的是「移動物品」，孩子在幼兒期如果移動經驗不足，周邊視野的練習也就比較少，在環境轉換時也就容易搞不清楚。多讓孩子去騎腳踏車，透過移動時周邊物品產生的視覺刺激，幫助孩子漸漸增加周邊視野。

### 原因③ 觀察能力不足

孩子有無窮盡的好奇心，就連路上的螞蟻、街上的人孔蓋，都可以看好久。孩子不是找麻煩，也不是拖時間，而是在練習觀察。我們太習慣拿著書本教孩子，孩子也習慣被教導，結果反而愈來愈懶得用心觀察。由於觀察能力不夠，雖然眼睛有看到但都沒有看懂細節，當然也就無法獲得充分訊息協助他分辨情境。帶著孩子多觀察街邊的事物，像是路邊的小花、樹上的小鳥、牆上的招牌等，幫孩子在日常生活中培養觀察的能力。

從書本上學到知識，能運用在生活裡，才是真正得到的智慧。觀察力是情境察覺的基石，多帶著孩子觀察身邊的事物，引導發掘身旁的小細節，就是培養孩子的情境察覺。這些都不是透過書本、教導而學習，靠的是日常生活中漸漸累積的能力。五歲階段的孩子看到什麼都想問，請多點耐心回答孩子，那正是他觀察力萌芽的象徵。

## 在家玩起來

### 哪裡怪怪的

❶準備相機和一支放大鏡。

❷拍一些不符合常理的照片，例如：餐桌上將筷子換成鉛筆；一籃水果裡放進一顆網球；用麵條將便當盒綁起來；在放內衣的抽屜裡放進鞋子；水杯中放進一隻小金魚。

❷將準備好的照片和放大鏡交給孩子，讓他找出照片裡怪怪的地方。誰最快找到，就可以得到一張「稀奇古怪」的照片喔！

拍照時不需要特寫，可以拉遠一點，多增加一些訊息內容，這樣會比較有趣。生活中如果看到哪裡怪怪的，爸爸媽媽也可以先賣關子，不要立即說出來。像是腦筋急轉彎一樣，考考孩子能不能發現「哪裡怪怪」？

延伸遊戲

**光光老師專注力親子互動遊戲卡**
**遊戲44「農場趣味拳」(5Y+)**

## 光光老師專注力小學堂

一百公分高的孩子，看待世界的角度和我們大人是不一樣的。請不要用大人的情境察覺能力，去要求孩子配合。在每次情境轉換時，加入一個固定儀式幫助孩子察覺改變。

固定儀式聽起來好像有點複雜，其實做起來非常簡單。國小時，每節上課前班長都要說:「起立、立正、敬禮」，這就是我們最常見的固定儀式。透過做一系列的動作，讓孩子察覺到情境改變了，要收起嘻鬧的心，準備開始上課。

藉由固定活動，讓孩子感受目前的情境，才能做出適當的行為。運用一些小技巧，幫助孩子更清楚察覺情境改變，他當然也就更容易配合了。

behavior 行為

# 59

## 不會看臉色
## 無法同理他人的心情

小儒是一個天真的孩子，活脫脫又似一個大聲公，講話超大聲，只要有他在就一定很熱鬧。逗趣的他有個小問題總讓爸爸媽媽很頭痛，就是他完全不會看臉色。體育課時，老師要大家撿球，同學還在聊天。老師不高興地說：「是用手撿？還是嘴撿？」全班都安靜下來乖乖撿球，突然聽到小儒大喊：「用嘴巴吸？」搞得全班大笑起來，小儒還一臉得意洋洋的表情，完全沒發現老師已經氣炸了。為什麼小儒就是不會看臉色，老是惹老師生氣呢？

＊＊＊

「情緒理解」是可以了解別人的情緒，並且從周邊線索中推理出情緒產生的原因，進一步做出適當的反應。可以理解情緒產生的原因，才能察覺別人的感受，這也是同理心的基礎。具有同理心，進而學會尊重別人而不會冒犯別人。研究顯示，孩子若有兄弟姐妹，在情緒控制方面會有較多的練習機會，發展比較好。

如果孩子情緒理解能力比較弱，雖然知道他人正在生氣，卻不知道生氣的原因，當然也就不知道如何解決。這時千萬不要使用硬碰硬的高壓處罰方式，往往會讓孩子誤以為只要「生氣」就可以解決問題，反而會讓孩子的脾氣愈來愈大。

## 情緒理解能力差的可能原因

原因① 眼神注視不佳

在表達情緒時，我們不會將心情一直放在臉上，而是會有一個極為短暫的「預備表情」，大約停留在臉上一到兩秒鐘，那才是我們的真實情緒。就像是孩子惹我們生氣，我們會先皺起眉頭，然後深呼吸再掛上微笑說：「我好好地和你說。」請問你是在皺眉頭的生氣，還是開心的微笑？如果孩子說話時，老是不看你的臉，就很難察覺到這個細節的變化，因為無法正確分辨情緒，結果就被處罰了。和孩子說話時，一定要提醒孩子看著大人的臉，養成習慣就可以減少不必要的衝突。

### 原因② 同理心未成熟

當我們看到別人跌倒受傷時，大腦的鏡像神經元會被誘發疼痛感覺經驗，自然就會覺得需要安慰對方。部分孩子因為感受與眾不同，對於疼痛的承受度超高，因此看到別人跌倒時，沒有興起感同身受的同理，不但不會去安慰別人，甚至還會哈哈大笑。爸爸媽媽不要覺得孩子是幸災樂禍而責備孩子，而是要引導孩子察覺對方的心情，感覺他人的感受。當孩子可以理解別人的感受後，同理心也就會漸漸發展出來。

### 原因③ 因果關係不佳

由於孩子對於自己做的事情，無法預期可能會衍生哪種結果，因此沒辦法立即判斷情緒發生的原因。常常出現倒因為果的情況，不清楚別人為何會有情緒，當然也就不知道為何對方會這麼生氣，甚至會出現覺得自己被誤會而亂發脾氣的情況。爸爸媽媽要做的不是責備孩子為何亂發脾氣，更不是執著在誰對誰錯，而是幫孩子釐清事情發生的順序，協助孩子判斷正確的因果關係，讓孩子發現自己忽略的細節。當孩子知道大家都是為他好，而不是在責備他，自然能在被愛與信賴中，學會如何理解自己與他人的情緒。

感受他人情緒的能力不是與生俱來的，需要透過學習才能具備。我們常常誤認為情緒發展最重要的就是表達情緒，卻忽略情緒理解的重要性。現在的孩子愈來愈會表達自己的情緒，卻無法理解別人情緒，致使在與他人的互動中出現衝突。帶著孩子學習觀察別人情緒，了解情緒背後的原因，比教導孩子如何表達情緒更為重要。

## 在家玩起來

### 抽鬼牌

❶適合五歲以上的孩子，三個以上的玩家。
❷先準備一副撲克牌，抽掉一張鬼牌。
❸將撲克牌依照順序，分給每一個玩家。抽到兩張數字相同的撲克牌，就可以拿出來放在桌上。
❹從年紀最小的玩家開始，從上一家的牌中抽一張撲克牌。如果有兩張數字相同的，就可以拿出來放在桌上，再輪到下一個玩家。
❺大家輪流抽牌、出牌，直到最後剩下一張鬼牌的就是輸家。

要從對方牌中選牌時，如果選中鬼牌，對方會不小心露出一絲絲笑容，那鐵定就要換一張。如果有人抽牌後，突然出現驚訝或沮喪的表情，那可能就是他抽到鬼牌，抽他牌時就要小心一點。

延伸遊戲

**光光老師專注力親子互動遊戲卡**
**遊戲13「動物們，開飯啦」(12M+)**

## 光光老師專注力小學堂

孩子常常惹人生氣，不會看臉色，還有一種可能性，那就是「表情過度誇張」。不是表情愈多愈好嗎？表情豐富難道也會有問題？

表情與心情並不能完全劃上等號，有些孩子在表達情緒時過度誇張，真實情緒與表情情緒不一致，導致別人誤會他的情緒，結果產生情緒衝突。在反覆的情緒衝突中，孩子愈來愈困惑，也愈來愈搞不懂，別人為何會有情緒，當然也就難以理解他人情緒產生的原因。教導孩子減少誇張式的正確情緒表達，才能漸漸發展出良好的情緒控制能力。

在這裡另外提醒爸爸媽媽，夫妻之間難免會有爭吵，請記得盡量不要在孩子面前吵架，那對孩子情緒發展是非常不好的。

behavior 行為

# 60

## 翻臉輸不起

# 挫折容忍度不佳

小威是一個認真的小孩，做事一絲不苟，連玩遊戲也很認真，非常計較輸贏，贏了當然沒問題，輸了就天下大亂。不是很生氣說不公平，就是一直哭不停，搞得小朋友都不太敢跟他玩。明明就常跟小威說：「輸贏沒關係」，但是為什麼他就是聽不進去呢？

＊＊＊

美國哈佛大學羅伯特・布魯克斯（Robert Brooks）博士認為，挫折忍受度包含：

- 有效處理緊張和壓力，適應日常挑戰。
- 從失望、困境中復原，找出切合實際的目標解決問題。
- 與他人自在相處，尊重自己和他人。

若孩子擁有挫折忍受能力，當他面對逆境或失敗時，可以勇敢面對眼前問題，而不致造成情緒失控或行為失常，並且可以將不舒服的感覺轉換為克服困難的勇氣，從解決難關中獲得成長的能力。

挫折忍受度比較弱的孩子，因為無法調適自己的情緒，會出現生氣、哭鬧與逃避的行為。如果沒有適當引導孩子學會面對挫折，而是採取高壓手段壓抑孩子的情緒，會導致孩子變得悲觀，對所有事情都失去興趣。

## 挫折忍受不佳的原因

原因① 自我期許過高

孩子都是爸爸媽媽的寶貝，我們常會誇獎孩子肯定他的表現。若過度讚美，又不符合孩子的真實能力時，讚美可能從補藥變成毒藥。不符合事實的誇獎，會導致孩子自我期許過高，甚至超過自己能力所及，結果才一開始動手就從期望變成失望，反而增加孩子的挫折感。爸爸媽媽要記得「讚美一定要符合事實」，不憑空亂講，大方稱讚孩子的好行為，才會對情緒發展有正向幫助。

### 原因②　過度嚴格批評

挫折忍受度的發展，必須要以自信心做為基礎。也就是說具備自信的孩子，才能擁有克服困難的勇氣。如果爸爸媽媽過度嚴厲批評孩子，或是常常數落孩子的不是，翻舊帳責備孩子的弱點，無形間會打擊孩子的自信，孩子會變得愈來愈退縮，更不願意嘗試克服問題。在協助孩子發展挫折忍受度時，不是給予孩子大量的挫折讓他習慣失敗，而是先培養孩子的自信心，找出自己的優點才是最重要的。

### 原因③　情緒控制不佳

挫折忍受度的練習，必須符合孩子的年齡發展。四歲以前，孩子的情緒控制能力尚未成熟，情緒波動時往往需要大人的安慰才能平靜下來。當小小孩因失敗而哭泣時，爸爸媽媽大大的擁抱會帶給他安全感，請給予孩子安慰讓孩子知道你會陪著他一起練習。等到五歲以後，爸爸媽媽就必須帶著孩子讓他變得勇敢，學習放手讓孩子自己調整情緒，請給孩子多一些時間和空間，讓孩子學習如何從失望、困境中復原，進而學會控制自己的情緒。

帶

孩子就像是放風箏。一邊迎著風拉緊線，風箏才飛得起來；一邊又要慢慢放，風箏才飛得高。陪伴孩子長大也是如此，細心呵護的同時，也要維持孩子的信心；大膽放手的授權，才能讓孩子學會克服困難。爸爸媽媽的任務，不是保護孩子一輩子，而是幫孩子做好準備，讓他可以面對、迎接未來的每一個挑戰。

## 在家玩起來

### 大富翁

❶ 五歲以上四個玩家一組。

❷ 準備一盒大富翁遊戲組。

❸ 選擇一位玩家當銀行，每個人各選一個代表顏色的棋子放在起點。

❹ 從年紀最小的玩家開始，滾動骰子看要走幾步。

❺ 遊戲結束，結算現金和土地，錢最多的就是贏家。

帶孩子必須要符合階段生理發展，五歲是孩子練習挫折忍受度的好時機，過早訓練可能會導致自信心不足。剛開始玩遊戲時，請盡量讓孩子是第一名或第二名，不要和孩子計較輸贏；玩過兩、三次後，就可以讓孩子變成倒數第二名，但絕對不要是最後一名。

延伸遊戲

**光光老師專注力親子互動遊戲卡**
**遊戲43「撿紅點」(5Y+)**

## 光光老師專注力小學堂

輸不起就翻臉，也有可能是下列兩個原因，爸爸媽媽請同步留意。

第一種是「分不出笑和嘲笑」：當孩子失敗時，常會因為別人的笑容，而誘發情緒反應。四、五歲的孩子很容易對他人情緒理解產生錯誤判斷，誤解別人笑容背後的原因，覺得自己受到欺負而生氣。這時請不要一開口就責備孩子，而是和孩子說明「開玩笑和嘲笑」之間的差別，才會有所幫助。

第二種是「分不出小事大事」：四歲的孩子，世界是「二分法」，只有對或錯兩種選項。失敗對他而言，就像是全盤否定他的人生，會出現哭鬧不止的情況。這時除了安慰孩子之外，還要教導孩子分辨事情的重要性，有些無關痛癢的小事要學會不計較。當孩子學會分辨之後，當然也就比較能控制情緒。

家庭與生活040

# 光光老師專注力問診室

## 滿足生理發展，破解教養關卡，向分心說再見！

作者　廖笙光（光光老師）
責任編輯　游筱玲
校對　張秀雲
插畫　黃鼻子
版型設計・美術設計　Today Studio
內頁排版　連紫吟、曹任華
行銷企劃　林育菁

國家圖書館出版品預行編目(CIP)資料
光光老師專注力問診室：滿足生理發展，破解教養關卡，向分心說再見！／廖笙光著.
-- 第一版. -- 臺北市：親子天下，2017.05
面；　公分. --（家庭與生活；40）
ISBN 978-986-94531-9-6（平裝）

1.育兒 2.親職教育 3.注意力

428.8　　106005799

天下雜誌群創辦人　殷允芃
董事長兼執行長　何琦瑜
媒體產品事業群
總經理　游玉雪
總監　李佩芬
版權主任　何晨瑋、黃微真

出版者　親子天下股份有限公司
地址　台北市104建國北路一段96號4樓
電話　（02）2509-2800　傳真：（02）2509-2462
網址　www.parenting.com.tw
讀者服務專線　（02）2662-0332　週一～週五：09:00~17:30
讀者服務傳真　（02）2662-6048
客服信箱　bill@cw.com.tw

法律顧問　台英國際商務法律事務所・羅明通律師
製版印刷　中原造像股份有限公司
總經銷　大和圖書有限公司　電話：（02）8990-2588

出版日期　2017年5月第一版第一次印行
2022年7月第一版第七次印行
定價　350元
書號　BKEEF040P
ISBN　978-986-94531-9-6

對不起…
ㄅㄆㄇ？
ABC？

TOYS
對不起…

對不起⋯
ㄅㄆㄇ？
A B C ?

TOYS
對不起..